哇，编程！

——跟小明一起学算法

游明伟　吴健之　编著

中国铁道出版社有限公司
CHINA RAILWAY PUBLISHING HOUSE CO., LTD.

内 容 简 介

本书融入了游戏设计思想，通过游戏攻关的方式，介绍各种算法的原理和应用。全书共分8章，具体包括排序算法、穷举算法、递归算法、回溯算法、贪心算法、分治算法，栈、队列、树三种数据结构，动态规划算法，图论相关算法等内容。

本书适合程序员和参加NOIP、NOI、ACM/ICPC竞赛的读者阅读学习，也可作为高等院校计算机、数学及相关专业的师生用书和培训学校的教材。

图书在版编目（CIP）数据

哇，编程！：跟小明一起学算法/游明伟，吴健之编著.—北京：中国铁道出版社有限公司，2020.5

ISBN 978-7-113-26736-0

Ⅰ.①哇… Ⅱ.①游… ②吴… Ⅲ.①程序设计－算法－少儿读物 Ⅳ.①TP311.1-49

中国版本图书馆CIP数据核字（2020）第046339号

书　　名：哇，编程！——跟小明一起学算法
WA, BIANCHENG! ——GEN XIAOMING YIQI XUE SUANFA

作　　者：游明伟　吴健之

责任编辑：于先军　　　　　　　　　　　读者热线电话：（010）63560056
责任印制：赵星辰　　　　　　　　　　　封面设计：MXK DESIGN STUDIO

出版发行：中国铁道出版社有限公司（100054，北京市西城区右安门西街8号）
印　　刷：三河市航远印刷有限公司
版　　次：2020年5月第1版　2020年5月第1次印刷
开　　本：787 mm×1 092 mm　1/16　印张：17.25　字数：330千
书　　号：ISBN 978-7-113-26736-0
定　　价：69.80元

前言

近些年来，随着人工智能、大数据等技术的迅猛发展，计算机编程开始逐渐进入大众的视野，特别是教育行业，各种少儿编程班如雨后春笋般层出不穷。人们开始渐渐意识到，培养孩子的逻辑和计算思维能力，已经成为一项必不可少的教育方式。而这些在我的童年时期，是一项遥不可及的事物，甚至在我小学和初中期间，计算机还仍未被普及。那时候人们对计算机的认识，还只限于 QQ 和各种网页小游戏。计算机科学发展到现在，我们在感叹科技发展迅速的同时，也必须感谢这个美好的时代。

我第一次接触计算机编程是在初三保送高中阶段，其他同学还在埋头准备中考时，我有幸遇到了我的恩师——NOI 金牌教练董永建。恰逢董老师在保送生中选拔信息学奥赛学生，中考期间和整个暑假，我们 42 名保送生提前开始了高中生活，跟随董老师从零开始接触计算机、学习算法，直到暑假结束仅剩 4 名同学坚持了下来。后来，我们 4 个人从机房搬进了"小黑屋"，认识了各位师兄，开始了真正的"封闭式训练"。高中三年我们没有周末、没有节假日、没有寒暑假，把所有的课余时间全贡献给"小黑屋"，董老师带着我们参加各种培训、参加高校 ACM 比赛，为了锻炼体能，带着我们爬山，偷玩游戏被发现了，罚我们操场跑圈……和师兄、师弟、师妹们在"小黑屋"里的三年时光，是我至今回想都觉得快乐的时光，也是影响我一生的时光。在接触编程后半年，我第一次参加了 NOIP（National Olympiad in Informatics in Provinces，信息学奥林匹克联赛），第一年初出茅庐，只是让我们见识了世面，师兄们才是当年的主力。我们充当了一年陪考，直到第二年，经过一年多的积累，我们成了主力，在 2017 年 NOIP 竞赛，我获得了省一等奖。所有光鲜的背后，都隐藏着熬过无数个不为人知的黑夜。

非常感谢董永建老师的悉心教导，让我在初中时期开始，对计算机编程和算法有了初步的认识。也缘于 NOIP 竞赛，让我取得了保送武汉大学的资格，并因此决定了我毕业以后的工作和生活。人生选择一条路，一直走到尽头，不退让，不更改，是件幸事。

NOIP 竞赛对于很多孩子和家长来说，还是一个比较陌生的事物。它由中国计算机学会（CCF）统一组织，每年在同一时间、不同地点以各省市为单位由特派员组织。这个竞赛最初设立的目的是向中学阶段的青少年普及计算机科学知识，带来新的学习思路，并借此选拔人才。得益于近年来计算机知识的普及，许多对算法思想感兴趣的学生和家长已经开始把NOIP 当成一种新的学习思路和方法。本书所讲的算法便是基于 NOIP 竞赛内容进行阐述的，从基础的排序算法到图论算法，逐步深入了解算法思路。

为了便于各位读者对枯燥算法内容的理解，本书融入了游戏设计思想，通过游戏攻关的方式，介绍各种算法的原理和应用。当你通读完本书后，会发现原来我们平常玩的各种手游，比如"吃鸡""王者"，它们的设计思路就是采用了各种算法，这时候你就已经开始领略到算法的奥妙，并开始进入算法的魔法大门了。

为什么写这本书？

写这本书的原因，是来自朋友和妻子的启发。得益于 NOIP 竞赛，我大学的专业学的是软件工程，毕业后从事的也是软件开发工作。在快要迈入而立之年的某一天，我的妻子问了我一个问题："你做了这么多年软件开发，早年也参加过 NOIP，是不是现在得有所沉淀了？"这时候我们的女儿刚出生 6 个月，我因此开始思考教育的问题。这时候我的一个朋友告诉我："你可以尝试写一本书，将你在 NOIP 竞赛所学及多年工作积累记录下来，说不定以后还能用来给你女儿当教材。"于是，便有了这本《哇，编程！——跟小明一起学算法》。

■ 本书导读

全书共分 8 章：

第 1 章主要介绍排序算法，介绍了经典的三种排序方法，同时介绍了时间复杂度、空间复杂度。

第 2 章主要介绍了五种基础的算法，是信息学奥赛中常见的五种算法，一道算法题往往会包含多种基础算法，本章也为后续篇章的算法奠定基础。

第 3、4 章主要介绍了三种数据结构——栈、队列、树，数据结构是一门语言的基础，本章在介绍算法的同时也强化了 C++ 语言，补充了一些 C++ 基础学习中未涉及的内容。

第 5 章主要介绍了动态规划算法，动态规划算法往往是 NOIP（普及组、提高组）的压轴题，也是能区分竞赛选手差距的题目，本章由最经典的背包问题开始讲解动态规划算法，理解本章才算是开始理解"算法的精髓"。

第 6、7、8 章主要介绍图论相关算法，包括深度优先搜索、广度优先搜索、图的遍历、最小生成树、并查集、最短路径等。这三章所讲的算法属于进阶算法，图论相关算法其本质依然是前面章节所讲的基础算法，在介绍图论算法时，也继续帮助读者巩固前面部分的基础算法。

阅读本书的读者，需要具备基本的 C++ 语言基础，本书算法尽量采用通俗易懂的例子给读者讲解。学习算法并不是一件难事，算法本身也并不高深，难在理解算法后怎么再用通俗的话语讲解出来。本书所涉及的算法，也是我从初中就开始接触并学习的，我相信初中程度的读者也能够理解并使用本书所写的算法。

■ 致谢

在开始写这本书之前，我一直犹豫要不要写，因为刚出生的女儿几乎占用了我所有周末和空闲时间，是妻子的鼓励，让我下定决心要写完这本书，作为送给女儿的礼物。在我写书的这半年里，所有的节假日我都躲在图书馆度过，感谢我的妻子这半年里辛劳的付出，感谢她在背后的支持。

感谢我的大学室友——JazyWoo 同学提供了给我写书的机会，帮我联络各方资源，也感谢他在写书期间，与我共同探讨，共同完成此书。

还要再一次感谢董永建老师，是他的谆谆教导才能让我有幸写了这本算法书。

游明伟

2019 年 4 月

目录

第 1 章

整理下背包

1.1 桶排序

同学们好！我是小明同学！是的，就是那位活跃在数学题、穿梭在作文本、支配了你们的小学及初中的题海界宇宙最强第一男主角——小明。

今天终于放假啦！小明终于不用关心"我和我爸爸到底几岁了"、"从我家走到学校究竟需要多少分钟"、也不用再对"零花钱"精打细算了，更不会无聊到再去"同时打开一个进水管和出水管"。趁着放假，我终于可以开开心心地玩游戏啦！

话不多说，赶紧打开《神鸡环游记》。哇，这里就是新手村吧！好多人啊！那不是小红、小强和小花吗？他们也来这里了，他们装备都已经这么酷炫啦！身披斗篷、手持冰杖、脚上穿着水银鞋，手上戴着护腕！为什么NPC只给了我一把木剑，不行！作为宇宙最强第一男主角，我怎么能输给他们呢，我要去道具商城补充一下装备。

道具商城的装备可真多，看的我眼都花了，斗篷（3金）、护腕（1金）、冰杖（6金）、水银鞋（3金）、风暴巨剑（10金）、圣杯（7金）……都好想要啊！可我好像没这么多钱。不管了，先对装备价格进行排序看看我能买得起哪些吧！点击排序，护腕（1金）、水银鞋（3金）、斗篷（3金）、冰杖（6金）、圣杯（7金）、风暴巨剑（10金）……道具商城的排序功能真好用，原本琳琅满目的道具价格一下就清晰了！

同学们，你知道游戏系统里的排序是怎么做的吗？今天小明就给你们科普一下排序算法。我们先介绍一种最简单、最高效的排序——桶排序。

桶排序是一种线性排序算法，它的工作原理是将数组内的数分到对应编号的桶中，然后根据每个桶的计数，按顺序打出桶编号。

按照原理，我们来对装备价格进行排序。

第1步　首先，我们知道装备价格最大是 10，所以我们先准备 10 个编号分别为 1 ~ 10 号的桶，同时将每个桶的计数器设置为 0，如下图所示。

第2步　我们将斗篷（3 金）放入 3 号桶中，3 号桶计数器 +1。

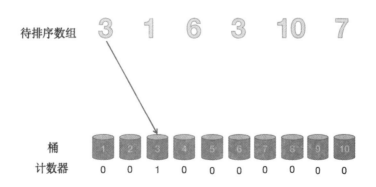

第3步　将护腕（1 金）放入 1 号桶中，1 号桶计数器 +1。

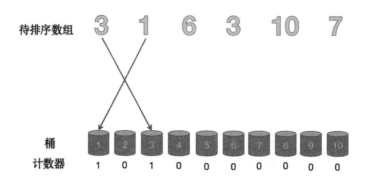

第4步 将冰杖（6金）放入6号桶中，6号桶计数器 +1。

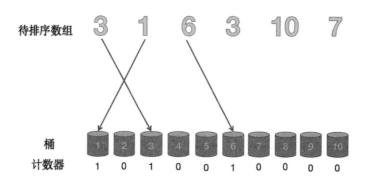

第5步 将水银鞋（3金）放入3号桶中，3号桶计数器 +1，此时3号计数器累加到2，表示有2个价格为3的装备。

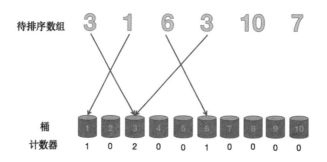

第6步　将风暴巨剑（10 金）放入 10 号桶中，10 号桶计数器 +1。

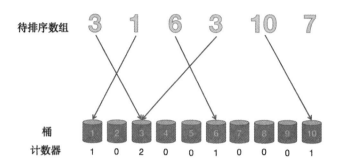

第7步　将圣杯（7 金）放入 7 号桶中，7 号桶计数器 +1。

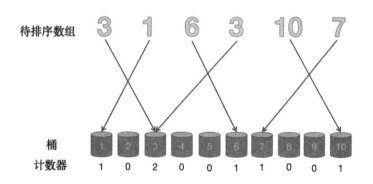

按照上面步骤操作后，如果计数器为 0，则表示该编号的桶里没有装备；如果计数器为 1，则表示有 1 个装备；如果计数器为 2，则表示有 2 个装备。

最后，我们只需要按照 1 ~ 10 的编号顺序打印编号，如果计数器为 0，则不打印编号；如果计数器为 1，则打印 1 次编号；如果计数器为 2，则打印 2 次编号……

1 号打印 1 次，2 号不打印，3 号打印 2 次，4 号不打印，5 号不打印，6 号打印 1 次，7 号打印 1 次，8 号不打印，9 号不打印，10 号打印 1 次。

最终打印出来的结果就是：

排序结果　　1　3　3　6　7　10

通过上面的步骤我们可以看出，桶排序就是巧妙地将价格转换成桶的编号，通过有序的打印桶编号来实现价格的排序。

我们再将上面的操作步骤转换成代码来看看吧！

第1步 首先，我们准备一个数组 bucket[11] 来代表桶，bucket 单词就是桶的意思，bucket[1] 就表示编号为 1 的桶，用来对价格为 1 的装备进行计数；有同学可能会觉得奇怪了，明明只要 10 个桶，bucket[] 数组长度为什么定义成 11 呢？同学们回想一下，我们在 C 语言基础里学过的数组概念，由于数组的下标是从 0 开始，bucket[11] 表示是从 bucket[0] 到 bucket[10] 的长度为 11 的数组；如果我们只定义 bucket[10]，那数组的最后一个元素是 bucket[9]，我们就没地方放价格为 10 的道具。

```
int a[6] = {3, 1, 6, 3, 10, 7};
// a[]最大数为10，需申请空间大小为10的buckets[]
int buckets[11];
```

第2步 定义好 bucket[] 后，我们用 memset 函数将数组初始化，表示计数器初始化设置为 0。

```
// 将buckets中的所有数据都初始化为0，表示初始时每个桶的计数器都是0。
memset(buckets, 0, sizeof(buckets));
```

第3步 然后循环 6 个装备的价格，将每个价格对应的计数器 +1。

```
// 将a[]中的数分别放入对应标号的buckets中，每放入一个，计数器+1
for(i = 0; i < n; i++){
    buckets[a[i]]++;
}
```

第4步 最后，按 1 ~ 10 顺序，根据 bucket 数量，打印出数组下标。

```
// 循环桶的标号，根据每个桶的计数器打印出桶的标号
for(i = 1; i < 11; i++)
    for(j = 0; j < buckets[i]; j++)
    {
        printf("%d ",i);
    }
```

【代码实现】

```
#include <iostream>
#include <cstdio>
using namespace std;
int main()
{
    int i, j;
```

```
    int n=6;
    int a[6] = {3, 1, 6, 3, 10, 7};
    // a[] 最大数为 10, 需申请空间大小为 10 的 buckets[]
    int buckets[11];

    // 将 buckets 中的所有数据都初始化为 0, 表示初始时每个桶的计数器都是 0。
    memset(buckets, 0, sizeof(buckets));

    // 将 a[] 中的数分别放入对应标号的 buckets 中, 每放入一个, 计数器 +1
    for(i = 0; i < n; i++){
        buckets[a[i]]++;
    }

    // 循环桶的标号, 根据每个桶的计数器打印出桶的标号
    for(i = 1; i < 11; i++)
        for(j = 0; j < buckets[i]; j++)
        {
            printf("%d ",i);
        }
    return 0;
}
```

是不是很简单呢？

像桶排序这样只用一趟为 N 的循环，将数组完成排序的算法，我们称为线性排序算法，线性排序是最快的排序算法，常见的线性排序算法有：桶排序、计数排序、基数排序。

桶排序虽然排序很快，但是我们需提前知道待排序的数组中最大的数是多少，还需要申请长度为最大数的数组，这样是很浪费存储空间的，假如我们要给 [2,1,9999999] 这样的数组进行排序，我们就需要定义一个 bucket[1000000] 的数组，实际上我们只用了 bucket[1]、bucket[2] 和 bucket[9999999]，而其他的空间就被我们浪费了。所以桶排序经常会用在已知待排序的数组，且待排序的数都不大的情况。

我们知道桶排序的原理，是利用存储空间进行时间复杂度为 O（n）的排序，这种做法我们称为"用空间换时间"。

但对于桶排序这种浪费空间的行为，小明感到非常可耻，当然很多同学都和小明一样，有一颗节约的心！所以桶排序也就有了升级版——桶排序 2.0，原理和上面一样，只不过一个桶装的数变多了。

假设我们用 bucket[0] 用来装价格 0 ～ 9 之间的装备，bucket[1] 用来装价格 10 ～ 19 之间的装备，bucket[2] 用来装价格 20 ～ 29 之间的装备……然后我们按顺序对 bucket[0] 桶内的数进行内部排序后再输出，对 bucket[1] 桶内的数进行内部排序后再输出，对 bucket[2] 桶内的数进行内部排序后再输出……

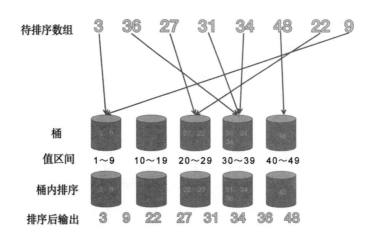

这样我们就将原本所需要空间缩小了 10 倍，如果 bucket[0] 用来装价格 0 ～ 99 之间的装备，或者用来装价格 0 ～ 999 之间的装备呢？我们的空间也会相应缩小 100 倍、1000 倍；这种算法叫作分治，现在只要了解就好，等学习了 2.5 节分治算法后，我们就能自行编写桶排序 2.0 代码了。

1.2 冒泡排序

学习完桶排序，大家是不是对排序算法有了初步了解，桶排序是不是就能解决我们所有的排序问题呢？答案肯定不是的，因为桶排序"桶"的限制，就导致桶排序只能用于特定等待排序序列。

比如我现在点击一下道具商城的名称排序，道具排序里面变成：冰杖（bz）、斗篷（d）、风暴巨剑（fbjj）、护腕（hw）、圣杯（sb）、水银鞋（syx），我们可以看到道具按照首字母做了排序。

如果道具商城里面的价格不是整数，出现 6.5 这样带小数的价格，对于桶排序来说也是无能为力，或者说较难处理的，那这种情况有什么排序算法比较适合呢？

我们就得"祭"出排序算法界的明星——冒泡排序。冒泡排序，是依次比对两个相邻的元素，如果它们顺序不满足要求，则交换这两个元素位置，重复地进行比对，直到所有的元素都按要求交换完毕。顾名思义，冒泡排序就像汽水中的泡泡一样——水里最大的泡泡会最快地浮到汽水表面。

我们先用冒泡排序对上一节的道具价格进行从低到高排序看看，原始顺序为：

风暴巨剑（10 金）、圣杯（7 金）、斗篷（3 金）、护腕（1 金）、冰杖（6 金）、水银鞋（3 金）

1．第一趟冒泡排序

第 1 步 进行第一次比较，比对第一位 10 和第二位 7，10>7，交换位置。

第 2 步 进行第二次比较，比对第二位 10（因上轮位置交换，此时第二位是 10）和第三位 3，10>3，交换位置。

第 3 步 进行第三次比较，比对第三位 10 和第四位 1，10>1，交换位置。

第 4 步 进行第四次比较，比对第四位 10 和第五位 6，10>6，交换位置。

第 5 步 进行第五次比较，比对第五位 10 和第六位 3，10>3，交换位置。

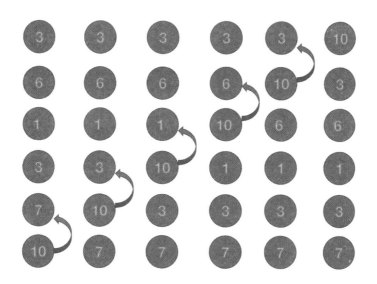

经过第一趟的冒泡排序之后，第一位的 10 由于数值最大，升到了最上面，每次上升过程都是和相邻数对比。从图中我们可以发现，此时序列中数值最大的 10 已经"归位"了。接下来我们对剩下的前五位数再进行一趟冒泡排序。

2．第二趟冒泡排序

第 1 步 进行第一次比较，比对第一位 7 和第二位 3，7>3，交换位置。

第2步 进行第二次比较，比对第二位7（因上轮位置交换，此时第二位是7）和第三位1，7>1，交换位置。

第3步 进行第三次比较，比对第三位7和第四位6，7>6，交换位置。

第4步 进行第四次比较，比对第四位7和第五位3，7>3，交换位置。

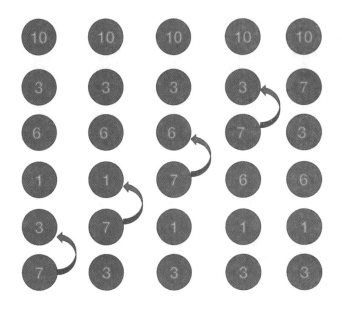

经过第二趟的冒泡排序之后，数值第二大的7，升到了10的下面，也回到了自己的位置，细心的同学可能发现了，第二趟的冒泡排序比第一趟少进行了一次比较，为什么呢？因为在第一趟的排序过程中，数值最大的10已经和7比对过了，而且数值最大的数也已经"归位"了，我们进行第二趟排序时，就不用进行7和10的比对了，第N-1位就是它上升的最高位置。接下来我们对剩下的前四位数再进行一趟冒泡排序。

3. 第三趟冒泡排序

第1步 进行第一次比较，比对第一位3和第二位1，3>1，交换位置。

第2步 进行第二次比较，比对第二位3（因上轮位置交换，此时第二位是3）和第三位6，3<6，不交换位置。

第3步 进行第三次比较，比对第三位6（因上轮位置不交换，此时第三位还是6）和第四位3，6>3，交换位置。

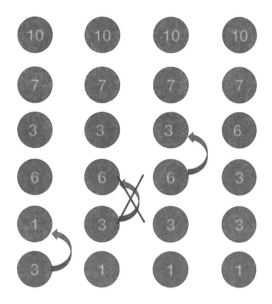

经过第三趟的冒泡排序之后，数值第三大的 6，升到了 7 的下面，也回到了自己的位置。

在这趟排序中，出现了不交换位置的情况，在比较第二位和第三位时，由于 3<6，则没有进行位置交换。我们知道冒泡排序，每趟排序都是让大的数优先回到自己的位置，所以每次比较后，数值大的数都会向上"升"。接下来我们对剩下的前三位数再进行一趟冒泡排序。

这时出现了一个奇怪的现象！从上面图中可以一眼看出，我们的数组已经完成排序了！那我们还要进行接下来的排序吗？要的！因为从上面的冒泡排序推导过程中，我们知道，现在只有 6、7、10 数值前三大的数"归位"了，前三位的 1、3、3 我们还没确定它们的正确位置，现在只是因为"凑巧"，它们正好在自己的位置上了，但我们依然还是要将剩下的冒泡排序做完，这样才能确定它们"归位"。

4．第四趟冒泡排序

`第1步` 进行第一次比较，比对第一位 1 和第二位 3，1<3，不交换位置。

`第2步` 进行第二次比较，比对第二位 3 和第三位 3，此时两个数值相等，我们可以进行位置交换，也可以不进行位置交换，对最终排序结果没有影响，为了少进行一次交换操作，我们不交换位置。

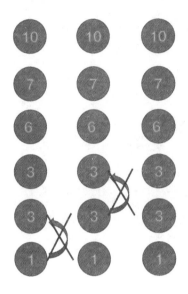

经过第四趟的冒泡排序之后，数值第四大的 3，升到了 6 的下面，也回到了自己的位置。这一趟我们没有进行一次位置交换，但通过第四趟的冒泡排序，我们确定了 3 的位置。接下来我们对剩下的前二位数再进行一趟冒泡排序。

5．第五趟冒泡排序

进行第一次比较，比对第一位 1 和第二位 3，1<3，不交换位置。

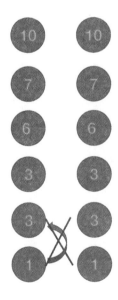

经过第五趟的冒泡排序之后，数值第五大的 3，升到了 3 的下面，也回到了自己的位置。这一趟我们也没有进行一次位置交换。最后还剩下一个位置，和一个最小数组的"1"，理所当然，1 也回到了自己的位置。

再来回顾一下上面的排序过程：我们进行了五趟排序之后，对 6 个数完成了排序，每完成一趟排序，就转化为对 N-1 个数的排序。排序过程中，最大的数最先回到位置，相当于气泡最先升上来，这就是冒泡排序。在每一趟的排序过程中，我们都从第一位开始比较，每趟比较次数会递减一次，如果前面的数大于后面的数，就进行位置交换。

我们将排序过程用程序思想梳理一下：进行 N 个数的排序时，需要进行 N-1 趟的排序，每次排序过程比较次数递减一次，第一趟进行 N-1 次比较，第二趟进行 N-2 次比较，等等。第 N-1 趟进行 1 次比较。我们用两层循环来实现冒泡排序，外层循环 N-1，表示要进行的 N-1 趟排序；内层循环从第 0 位开始，每次递减一次，表示从第 0 位开始往后比较数组大小。

【代码实现】

```c
#include <stdio.h>
int main()
{
    int i, j, tmp;
    int n=6;
    int a[6] = {10, 7, 3, 1, 6, 3};

    // 进行 N-1 趟排序
    for (i=0; i<n-1; i++)
    {
        // 从第 0 位开始，依次和下一位的数进行对比
        for (j=0; j<n-i-1; j++)
        {
            // 如果比当前位置大，则交换
            if (a[j] > a[j+1])
            {
                // 交换 a[j] 和 a[j+1]
                tmp = a[j];
                a[j] = a[j+1];
                a[j+1] = tmp;
            }
        }
    }

    for(i = 0; i < n; i++)
        printf("%d ",a[i]);

    return 0;
}
```

还记得在上面的排序过程中，我们曾发现的奇怪的现象吗？第三趟排序后，数组已经完

成排序了，从第四趟开始，数组就再没有发生位置交换了，但我们还是傻傻地将后面的排序继续完成，刚才小明卖了个关子，先告诉大家要进行完所有的排序，这样才能完整地理解冒泡排序的思想，现在我就来告诉你们，怎么将剩下的排序省下来。

大家想一想，第四趟排序时，数组没有发生位置交换，从冒泡排序的思路想想，这不就是表示没有数值位置错误吗？如果有一个大的数在下面，在从 0 位往上的比对过程中，一定会发生一次位置的交换，反推过来，也就是如果没有发生位置交换，则表示所有数值都已经按顺序排列好了。

所以，我们引进一个 bool 变量，如果这一趟排序没有发生位置交换，则表示数值排序完成，我们可以提前结束循环。

【改进版 - 冒泡排序代码实现】

```c
#include <stdio.h>
int main()
{
    bool ok;
    int i, j, tmp;
    int n=6;
    int a[6] = {10, 7, 3, 1, 6, 3};

    // 进行 N-1 趟排序
    for (i=0; i<n-1; i++)
    {
        // 默认值为 true
        ok = true;
        // 依次和下一位的数进行对比
        for (j=0; j<n-i-1; j++)
        {
            // 如果比当前位置大，则交换
            if (a[j] > a[j+1])
            {
                // 交换a[j]和a[j+1]
                tmp = a[j];
                a[j] = a[j+1];
                a[j+1] = tmp;
                // 如果发生位置交换，则设置为 false
                ok = false;
            }
        }
        // 如果没有发生位置交换，则跳出循环，完成排序
        if (ok == true) break;
    }

    for(i = 0; i < n; i++)
        printf("%d ",a[i]);

    return 0;
}
```

好了，现在学习完冒泡排序了，我们来看看冒泡排序是不是解决了我们上一节桶排序不能解决的问题：

（1）很明显，冒泡排序的空间占用非常小，要排序 N 个数，我们只需要申请 N 个空间，比桶排序节省了很多空间。

（2）冒泡排序是直接进行数值大小的比对，每个数值都是"真实地"存储在空间中，也就解决了带小数的数组比对；如果把排序的数换成字符、字符串，我们也能利用字典排序进行比对大小。

那么请问大家，冒泡排序解决了桶排序这么多问题，就一定比桶排序好吗？我们上一节学了桶排序，知道了桶排序的时间复杂度是 O（n）；那冒泡排序呢，通过上面的代码，我们很容易看出，冒泡排序进行了两次循环，所以冒泡排序的时间复杂度是 O（n²），时间复杂度非常高，冒泡排序是非常慢的一种排序，经典不代表优秀。

桶排序快，但不够万能；冒泡排序万能，但不够快；接下来我们就来学一个又快又万能的排序——快速排序。

1.3 快速排序

快速排序，简称"快排"，它是对冒泡排序的一种改进。它的基本思想是：通过一趟排序，将待排序数组与一个基数进行比对，比基数小的分为一部分，比基数大的分为另外一部分。然后再按照上面的方法对两个部分数据分别进行快速排序，直到要排序的数组小到不能再分割为止，整个数组就完成了排序。将数组分割的过程，我们称之为"分治"，不断利用快排排序数组的过程，我们称之为"递归"，所以快速是"分治"算法和"递归"算法的经典结合（又是经典……，是的，小明同学只挑经典的算法讲，哈哈……）。在下一章中，我们会更全面地给大家介绍"分治"和"递归"。

现在我们先进入快排的学习中吧！我们还是对上面的道具价格进行从低到高排序看看，原始顺序为：

风暴巨剑（10 金）、圣杯（7 金）、斗篷（3 金）、护腕（1 金）、冰杖（6 金）、水银鞋（3 金）

等等，等等……

这些道具也太少了吧！能不能再来点！我们"快排"可是经典排序啊，不多点怎么能体现出我们的王者水平！

好吧，我们再加数……给我把全商场道具都排序了：

风暴巨剑（10金）、圣杯（7金）、斗篷（3金）、逐日之弓（12金）、护腕（1金）、冰杖（6金）、水银鞋（3金）、搏击拳套（4金）、贤者之书（15金）、铁剑（2金）、虚无法杖（8金）、暴烈之甲（5金）

1. 第一趟排序

第1步 我们先选个基准数，通常我们选择中间的数作为基准数，也就是待排序数组中的6。

第2步 接着我们需要将数组中比基准数6大的数放到数组右边，比基准数6小的数放到数组的左边。具体做法是：我们在数组的两头分别开始找，i从第0位（最左边）开始，我们的目的是左边的数都比6小，所以i需要找到一个比6大的数，现在i找了10；j从第N-1位（最右边）开始，j需要找到一个比6小的数，现在j找了5。

第3步 交换i、j位置上的数10和5，然后i、j前进一步，继续找。

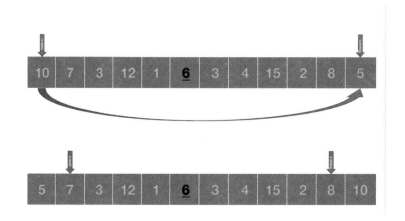

第4步 i继续前进，找到7；j继续前进，发现8比6大，又前进了一步，找了2。

第5步 交换i、j位置上的数7和2，然后i、j前进一步，继续找。

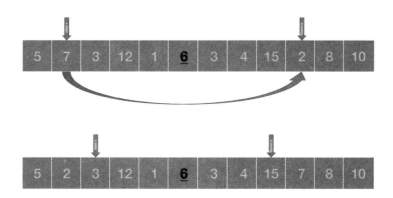

第 6 步　i 继续前进，找到了 12；j 继续前进，找了 4。

第 7 步　交换 i、j 位置上的数 12 和 4，然后 i、j 前进一步，继续找。

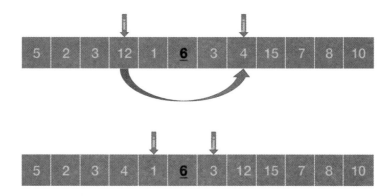

第 8 步　i 继续前进，找到了 6；j 继续前进，找了 3。

第 9 步　交换 i、j 位置上的数 6 和 3，然后 i、j 前进一步。

第 10 步　此时 i 和 j 已经碰头，表示左右两边的数我们都找了一遍，此时 j 左边（包括 j）所有的数都比基准数 6 小，i 右边（包括 i）所有的数都大于等于基准数 6。

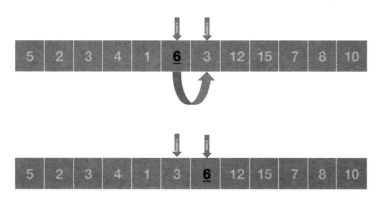

第11步 我们以 i、j 为界，将第 0 位到第 j 位的数分为一部分，将第 i 位到第 N-1 位的数分为一部分，将一个数组分成两部分，这就是"分治"，此时我们就完成了快排的第一趟排序。

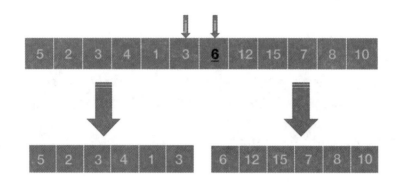

2. 第二趟排序

通过第一趟排序，我们了解了快排交换位置的原理；现在出现了两个还没完全排序的数组，我们该怎么办呢？现在就要"递归"出手啦！我们还是用第一趟排序的方法继续处理左边的数组，同样也继续处理右边的数组，处理完就是下面的结果。

继续递归排序：

再继续递归排序，直到数组拆分到最小的（i 和 j 走到尽头）则不再递归，例如上面的子序列：3、2、1，初始 i=0，j=2，当进行第一次交换后，子序列顺序为：1、2、3，i++，j++，再继续寻找可交换数时，i 走到 2，j 走到 0，此时 i、j 都走到尽头，则不再进行递归排序，因为此时的序列已经完成排序。

当所有递归处理完成后，处理流程如下：

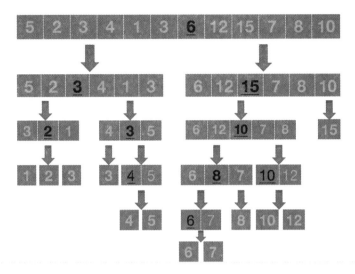

来看看具体的代码是怎么实现的。

【代码实现】

```c
#include <stdio.h>
#include<math.h>

void quickSort(int a[], int start, int end)
{
    int tmp, i = start, j = end;
    // 将当前序列在中间位置的数定义为基准数
    int mid = a[(i+j)/2];
    do
    {
        // 在左半部分寻找比中间数大的数
        while (a[i] < mid)
            i++;
        // 在右半部分寻找比中间数小的数
        while (a[j] > mid)
            j--;
        // 若找到一组与排序目标不一致的数对则交换它们
        if (i <= j)
        {
            // 交换a[j]和a[i]
            tmp = a[j];
            a[j] = a[i];
            a[i] = tmp;
            // 交换完毕, 继续寻找
            i++;
            j--;
        };
    }while (i <= j);

    // 若未到两个数的边界, 则递归搜索左右区间
    if (start < j) quickSort(a, start, j);
    if (end > i) quickSort(a, i, end);
}
```

```
int main()
{
    int n=12;
    int a[12] = {10, 7, 3, 12, 1, 6, 3, 4, 15 ,2, 8 ,5};

    quickSort(a, 0, 11);

    for(int i = 0; i < n; i++)
        printf("%d ",a[i]);

    return 0;
}
```

通过上面内容我们可以发现，快排之所以快，是因为每次排序都将序列进行了"二分"处理，相对于冒泡排序每次都重复比对，快排的比对次数是按指数级缩小的，比对次数减少了，也就大大地缩短了排序时间，它的时间复杂度是 $O(n\log_2 n)$。但我们也发现了快排每次"二分"序列的长度可能是对半分，也可能出现左边序列长些、右边序列短些。例如子序列 6、12、15、7、8、10，当选择基准数为 15 时，拆分后子序列是 6、12、10、7、8 和 15，这样拆分就无法体现出快排的优势，它的时间复杂度就是 $O(n^2)$，基准数选择是随机的，我们无法控制每次都选择到最优的基准数。所以快排的时间复杂度不是固定的，它是不稳定的排序算法，当每次基准数选择都是最差时，快排的时间复杂度是 $O(n^2)$。即使如此，就我们日常使用和竞赛而言，快速排序是公认最好的一种内部排序算法。

1.4 时间和空间复杂度

1．时间复杂度

讲完了三种排序，我们经常提到一个用来衡量排序算法的维度就是时间复杂度。除了上述讲到的三种排序，其他常见的排序算法时间复杂度有如下三种。

（1）$O(n^2)$：冒泡排序、插入排序、选择排序。

（2）$O(n\log_2 n)$：快速排序、堆排序、归并排序。

（3）$O(n)$：桶排序。

2．空间复杂度

另外一个衡量排序算法的维度是空间复杂度。

（1）O(n)：桶排序。

（2）O(nlog₂n)：快速排序（最坏情况下为 O（N））。

（3）O(1)：其他排序。

3．稳定性

（1）稳定性排序：冒泡排序、插入排序、桶排序等其他线性排序。

（2）不稳定排序：快速排序、堆排序。

我们可以看出：时间复杂度和空间复杂度是呈负相关关系，当时间消耗较少时，往往需要非常大的空间，快速排序则是时间复杂度和空间复杂度都相对比较优秀的一种排序算法；但快速排序也有自身的缺点，它是时间和空间都不稳定的排序算法，相对快而已，堆排序空间复杂度要少于快排，也比较稳定。堆排序较难理解，等我们有了一定的基础，后续会给大家介绍堆排序。时间复杂度和空间复杂度不仅仅是衡量排序算法的维度，它也是我们衡量所有算法最重要的两个维度。

第 2 章

开始闯关吧

2.1 忘记密码了——穷举算法

小明今天登录游戏时，又遇到了一件愚蠢的事情——竟然忘记了自己的游戏密码。他绞尽脑汁，还是没有回忆起密码，只记得密码是由 1 ～ 9 组成的 9 位不同的数字，前两位是 7、6，密码满足一个公式：密码前三位 + 密码中间三位 = 密码后三位。（小明果然是活跃在数学界的第一男主角，连游戏的密码都如此有奥数气质）

大家有没有什么办法，能快速帮小明回忆起密码？

小明比较笨，想不出什么快的方法，只能一个个数字去尝试，不过好在可以用计算机来代替我们计算，我们可以把所有满足上面条件的数字都填到格子里去试，看看满足上面公式的结果都有哪些。

【代码实现】

```cpp
#include <iostream>
#include <cstdio>
using namespace std;
int main()
{
    int total = 0;
    for(int a=1; a<=9; a++)
        for(int b=1; b<=9; b++)
            for(int c=1; c<=9; c++)
                for(int d=1; d<=9; d++)
                    for(int e=1; e<=9; e++)
                        for(int f=1; f<=9; f++)
                            for(int g=1; g<=9; g++)
                                for(int h=1; h<=9; h++)
                                    for(int i=1; i<=9; i++)
    {if(a!=b&&a!=c&&a!=d&&a!=e&&a!=f&&a!=g&&a!=h&&a!=i
        &&b!=c&&b!=d&&b!=e&&b!=f&&b!=g&&b!=h&&b!=i
        &&c!=d&&c!=e&&c!=f&&c!=g&&c!=h&&c!=i
        &&d!=e&&d!=f&&d!=g&&d!=h&&d!=i
        &&e!=f&&e!=g&&e!=h&&e!=i
        &&f!=g&&f!=h&&f!=i
        &&g!=h&&g!=i
        &&h!=i
    &&a*100+b*10+c + d*100+e*10+f == g*100+h*10+i )
    {
        total++;
```

```
                    printf("%d%d%d+%d%d%d= %d%d%d\n",a,b,c,d,e,f,g,h,i);
            }
    }
    printf("total=%d\n",total/2);
    return 0;
}
```

上面代码中，我们用a,b,c,d,e,f,g,h,i分别代表这九位数，每一位数都用for循环去尝试1～9个数字，当同时满足下面两个条件时，则输出结果。

（1）九个数都不相同时：

a!=b&&a!=c&&a!=d&&a!=e&&a!=f&&a!=g&&a!=h&&a!=i，比对第一位数与后面数都不同，第二到八位也依次比较，每位数与后面数相比即可，不用重复比对。

（2）前三位数＋中间三位数＝后面三位数时：

a*100+b*10+c + d*100+e*10+f == g*100+h*10+i，由于是三位数的加法运算，我们需要把对应百位、十位上的数乘以100、10。

我们试着运行这段代码看看吧！不到3秒钟时间，屏幕上就打出了所有结果，总数一共：total=168，这里我们为什么要除以2呢？784＋152＝936，152＋784＝936，由于加法交换原则，这两组数都能满足条件，它们只能算一种组合。

那小明的密码到底是多少呢？我们可以继续优化一下代码，输出满足a=7，b=6时的结果，一共有两组解！（真是弱密码……）

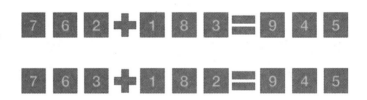

上面我们用计算机模拟每位数字的过程，就叫枚举算法，也称为列举法、穷举法，它是我们在日常中使用的最多的一个算法。这种算法是不是很笨、很暴力？所以枚举的过程又常被称为"暴力破解"。"暴力破解"核心思想就是：不用费脑筋，暴力地把所有的可能性都列举出来一一尝试。

枚举法的本质就是从所有候选答案中去搜索正确的解，使用该算法需要满足下面两个条件：

（1）可预先确定候选答案的数量。例如上面的破解密码，一共 9^9 种可能。

（2）候选答案的范围在求解之前必须有一个确定的集合。例如上面的破解密码，每一位数都只在 1 ～ 9 之中选择。

枚举法一般可用固定的算法框架求解：

```
total = 0
for( i= 区间下限 ;i <= 区间上限 ;i++){
    运算操作序列
    if( 满足约束条件 ){
        printf( 满足要求的解 );
        total++;
    }
}
printf( 解的个数 );
```

由于枚举算法很"笨"，所以枚举算法有个致命缺点，就是需要时间——需要大量的重复运算去尝试结果。尽管这种方法很笨，上面破解密码过程如果手工计算会非常非常累，但我们巧妙地利用计算机运算速度快、精确度高的特点，在几秒之内就能求出结果。在特定场合，枚举算法往往会让事情变得简洁、高效。

大家是不是见识到枚举算法的可怕之处了，所以我们以后在设置游戏密码时，千万别学小明，一定把密码设置得复杂些，否则过于简单的密码很容易就会被"暴力破解"掉。

2.2　汉诺塔——递归算法

找回密码的小明，终于可以开开心心地进入游戏啦!

才进入游戏不久，小明就遇到一个关卡，在小明面前有三个柱子（a,b,c 柱），a 柱子上有 3 个圆盘，每个圆盘半径不同，按大片在下，小片在上的顺序套在 a 柱上，每次只允许移动最上面的一个盘子到另外的柱上（b,c 柱上最开始没有盘子），但移动到其他柱子时不允许大的圆盘放在小的圆盘上。而小明通往下一个地图的钥匙就在 a 柱下面，必须把 a 柱上的盘子全部挪到 c 柱上时，才能打开机关拿到钥匙。

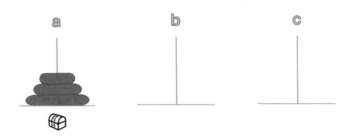

这才 3 个圆盘，太容易了吧！我们移移看吧！同学们如果有兴趣，可以先不看小明同学下面的剧透，先自己动手试试，看是不是和小明的移法一样。

第 1 步 a 柱圆盘移到 c 柱（每次移动都是柱最上端的一个圆盘哦）。

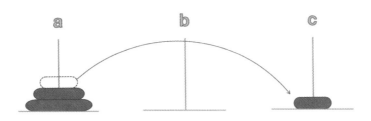

第 2 步 a 柱圆盘移到 b 柱。

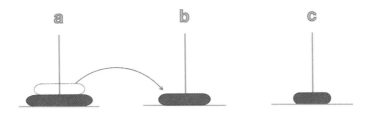

第 3 步 c 柱圆盘移到 b 柱。

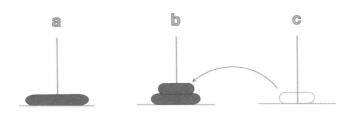

第4步 a柱圆盘移到c柱。

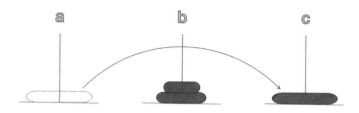

第5步 b柱圆盘移到a柱。

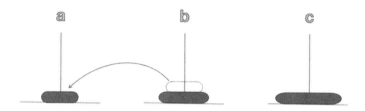

第6步 b柱圆盘移到c柱。

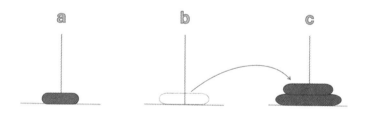

第7步 a柱圆盘移到c柱。

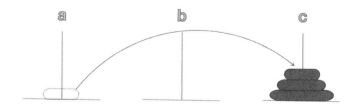

你们也移完了吗，怎么样，是不是也在七步之内就完成了？

三个圆盘的移动方法比较简单，那如果有 N 个圆盘该怎么移动呢？我们不妨把上面三个圆盘的移动方法做个抽象处理，假设把 a 柱最上面的 2 片捆在一起，视为 1 片。

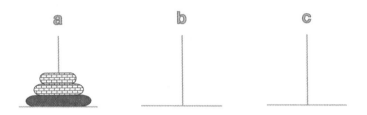

第1步 将 a 柱上（N-1）片移到 b 柱上，【a 为源柱，b 为目标柱，c 为过渡柱，记为（a，b，c）】。

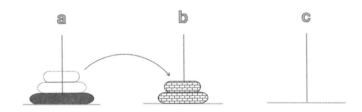

第2步 将 a 柱上剩下的 1 片移到 c 柱上，【a 为源柱，c 为目标柱，b 为过渡柱，记为（a，c，b）】。

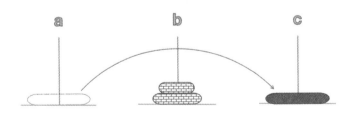

第3步 将 b 柱上（N-1）片移到 c 柱上，【b 为源柱，c 为目标柱，a 为过渡柱，记为（b，c，a）】。

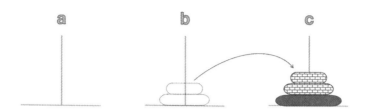

通过上面的抽象处理，我们发现：无论多少个圆盘从 a 柱移到 c 柱都能通过如下三步完成：

（1）将 a 柱上（N-1）片移到 b 柱上；

（2）将 a 柱上剩下的 1 片移到 c 柱上；

（3）将 b 柱上（N-1）片移到 c 柱上。

而"将 a 柱上（N-1）片移到 b 柱上""将 b 柱上（N-1）片移到 c 柱上"同样也能通过上面三步完成。我们定义一个函数 hanoi(n, a, b, c)，表示将 N 个圆盘，从 a 柱移到 c 柱，b 柱作为过渡柱。所以要完成 hanoi(n, a, b, c)，则需要如下三步：

（1）hanoi(n-1, a, c, b)；

（2）将 a 柱上剩下的 1 片移到 c 柱上；

（3）hanoi(n-1, b, c, a)。

我们再来看一下完整的代码实现。

【代码实现】

```
#include <iostream>
#include <cstdio>
using namespace std;
int total = 0;  // 移动次数

void hanoi(int n, char a, char b, char c)
{
    // 递归边界，当只有一个圆盘时，直接将 a 柱圆盘移到 c 柱
    if (n==1) {
        total++;
        printf("第 %d 次移动 Move %d: Move from %c to %c !\n",total,n,a,c);
        return;
    }
    // 将 a 柱上的从上到下 n-1 个圆盘移到 b 柱上
```

```
        hanoi(n-1, a, c, b);

        total++;
        // 将 a 柱上的第 n 个圆盘移到 c 柱上
        printf("第 %d 次移动 Move %d: Move from %c to %c !\n",total,n,a,c);

        // 将 b 柱上的 n-1 个圆盘移到 c 柱上
        hanoi(n-1, b, a, c);
}

int main()
{
        // 圆盘个数
        int n=3;

        hanoi(n, 'a', 'b', 'c');

        return 0;
}
```

上面关卡其实就是著名的汉诺塔问题，是源于印度一个古老传说的益智游戏。传说印度教的主神梵天在一根针上从下到上穿了由大到小的 64 片金片，就是所谓的汉诺塔。不论白天黑夜，总有一个僧侣在移动金片，僧侣们预言，当所有的金片都从梵天穿好的那根针上移到另外一根针上时，世界就将在一声霹雳中消灭。

大家觉得这个传说是真的吗？不妨动手改改代码，假设这个僧侣一秒钟能移动一片金片，那他需要多长时间能移动完，世界末日什么时候会到来？

我们解决汉诺塔所用的函数即为调用自身函数的算法，也是一个古老的算法——递归算法。所谓递归算法就是一个过程或函数在其定义或说明中有直接或间接调用自身的一种方法，当边界条件不能满足时，递归调用自身；当边界条件满足时，递归返回。

"从前有座山，山上有座庙，庙里有个老和尚，给小和尚讲故事。故事讲的是：从前有座山，山上有座庙，庙里有个老和尚，给小和尚讲故事"大家还记得这个"有趣"的童话故事吗？可以无穷无尽地讲下去，故事里面就包含着递归，当然，这是一个不合法的递归，它缺乏一个边界条件，没有边界条件的递归，会进入一个"无穷无尽"的死循环当中，只有当庙里没有了"小和尚"，这个故事才能逐步"返回"。我们在使用递归函数时，一定要注意边界条件的判断，在递归到某处时，边界条件一定要被触发，例如汉诺塔问题中，N=1 就是边界条件，而不断递归 N-1 时，一定会满足 N=1 这个条件。

2.3 八皇后——回溯算法

拿到通关钥匙的小明，顺利进到下一个地图！

在这个地图中，有一个摆放皇后的关卡：在一个 8×8 的国际象棋棋盘上摆放八个皇后，使其不能相互攻击。按照国际象棋规则，皇后能攻击同一行、同一列、同一对角线上的任意棋子。

如下图所示，在棋盘（3，3）位置摆放一个皇后，深色格子都是其攻击范围，不能再摆放其他皇后。如何才能在棋盘上摆满八个皇后呢？

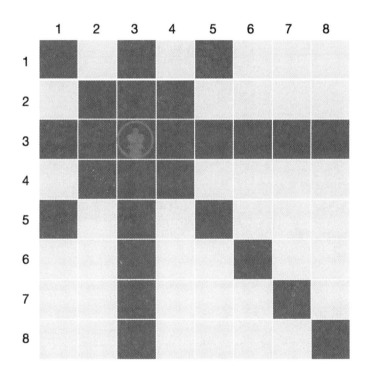

摆放八个皇后，一下子难倒了小明。所以小明决定，先简化问题，从 4×4 格子摆放四个皇后开始入手，寻找解题方法：

第 1 步　先在（1，1）位置摆放一个皇后，我们将皇后攻击范围内的格子颜色标为深色。

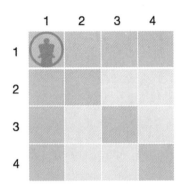

第2步 第2行只有两个位置不在攻击范围内，我们暂时先放在第2行第3列（2，3）位置试试看，将皇后攻击范围内的格子颜色标为深色，当然这里面会有一些格子是两个皇后都能攻击到的，我们可以忽略，只要两个皇后不会互相攻击就行。

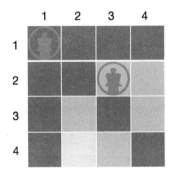

第3步 我们准备在第3行摆放皇后时，发现第3行所有的格子都在攻击范围内了，怎么办？而皇后会攻击同一行所有的格子，要摆放4个皇后，必然需要每一行摆放一个皇后，也就是说，目前的摆法，我们已经走入死胡同了，这条路是走不通的。

　　那小明就只能要赖皮了，我要悔棋！小明决定撤回上一步棋子，拿起第2步（2，3）格子上的皇后，于是棋盘又变成了第1步时的样子。

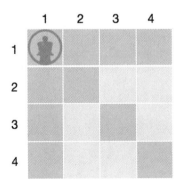

第 2 步中刚才我们试了放在（2，3）位置，发现是不行的；那小明现在就再尝试一下放在（2，4）位置上吧。

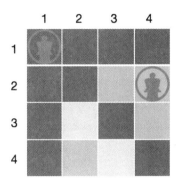

第 4 步　这时第 3 行只有一个空位可以放，我们就只能将皇后放在（3，2）位置上。

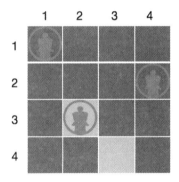

第 5 步　准备放第 4 行时，小明又发现第 4 行所有格子都在攻击范围内了，没法继续摆放，怎么办？继续悔棋呗！

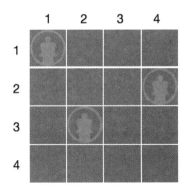

回退到第 4 步拿起（3，2）格子上的皇后，小明发现原来在第 3 步时就没得选择了，没有其他格子可以尝试了，怎么办？继续悔棋呗！

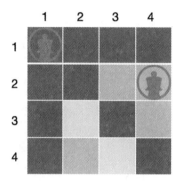

回退到第 3 步继续拿起（2，4）位置上的皇后，但是发现第 2 行所有的格子我们都尝试过了，都行不通，怎么办？继续悔棋呗！

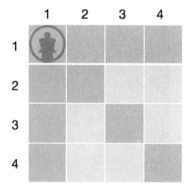

回退到第 1 步继续拿起（1，1）位置上的皇后，这时棋盘变成最开始的状态，没有一个皇后。刚才我们尝试把第一个皇后放在（1，1）位置上，发现无解，那我们就试试放在（1，2）位置上吧！

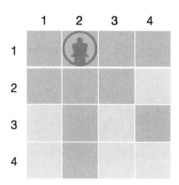

第6步　第 2 行有一个空位，我们把皇后放在（2，4）位置上。

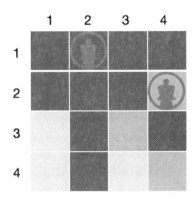

第7步　第 3 行还有一个空位，我们把皇后放在（3，1）位置上。

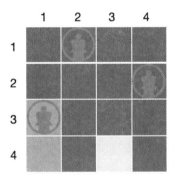

第8步　第 4 行正好还有一个空位，我们把皇后放在（4，3）位置上。

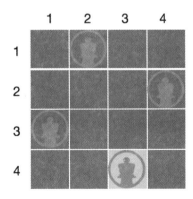

这时候 4 个皇后都摆放完了，我们再检查一下，四个皇后也不会互相攻击，这就是我们要的答案！

我们来回顾一下刚才的摆法：

（1）摆放第 1 行皇后位置，标记皇后攻击范围内的格子；

（2）摆放第 2 行皇后位置，标记皇后攻击范围内的格子，如果都尝试过，则回退到上一步；

（3）摆放第 3 行皇后位置，标记皇后攻击范围内的格子，如果都尝试过，则回退到上一步；

（4）摆放第 4 行皇后位置，如果摆放成功，则输出答案，如果都尝试过，则回退到上一步。

再将四皇后摆法延伸到八皇后，也同样使用一行行摆放的方式进行尝试即可找出答案！

大家试试看能不能找到一个八皇后的解？小明先给你们画好格子！（记得用铅笔来画哦，这样悔棋时，就能擦掉了）

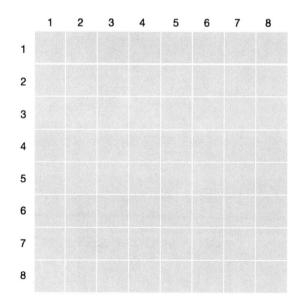

大家是否都至少找到一个解了？手动尝试的过程花了多长时间？那我们能不能让计算机帮我们完成呢？

首先，我们摆放第 1 行皇后的位置，将皇后攻击范围内的格子标记为深色，这些格子有没共同点？我们逐个分析一下。

同一行：很简单，同一行的格子，它们的行号是相同的，我们用一维数据 a[i] 来表示；a[i]=0，则表示该行没有皇后；a[i]=3，则表示第 i 行皇后放在第 3 列。

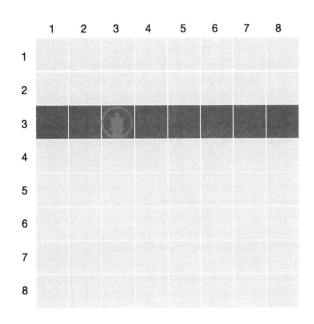

同一列：也很简单，同一列的格子，它们的列号是相同的，我们也用一维数据 b[i] 来表示；b[i]=0，则表示该列没有皇后；由于 a 数组已经记录皇后的位置了，b 数组就不用再记录了，用 b[i]=1 表示该列有皇后即可。

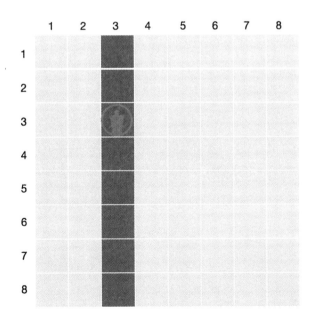

同一对角线：这里没那么简单就能看出来了，我们把两条对角线拆开来单独分析看看，例如下面摆放在（3，3）位置上的皇后，她的右斜对角线能攻击到的格子有（1，5）、（2，4）、（3，3）、（4，2）、（5，1），发现规律没？这些格子的行号和列号相加都等于6，我们再看看其他右斜对角线，发现只要在同一右斜对角线，它们的行号、列号相加一定相等。所以，我们用个一维数组 c[i] 表行号＋列号=i 的右斜对角线；c[i]=0，表示这条右斜对角线上没有皇后，c[i]=1，表示有皇后。

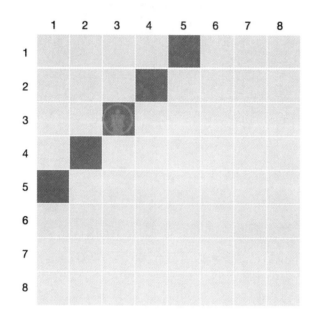

我们再接着看看她的左斜对角线能攻击到的格子有（1，1）、（2，2）、（3，3）、（4，4）、（5，5）、（6，6）、（7，7）、（8，8），我们又发现了规律，这些格子的行号和列号相减都等于0。在看看其他的左斜对角线，只要在同一左斜对角线，它们的行号减列号一定相等。所以，我们用一维数组 d[i] 表行号－列号=i 的左斜对角线；d[i]=0，表示这条左斜对角线上没有皇后，d[i]=1，表示有皇后。但是行号－列号会出现负数，例如（1，7）、（2，8）对角线，都等于－6，C++ 中 d[-6] 是不允许存在的，属于越界，所以我们再特殊处理一下，用行号－列号＋7 表示 d[i] 这条左斜对角线。

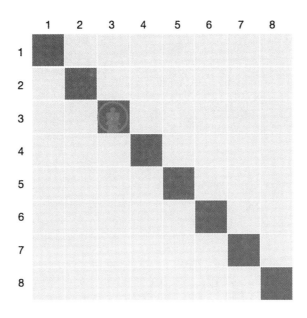

我们找到了所有标记皇后控制格子的规律，接下来，我们定义一个函数，按我们上面手动的步骤操作即可：

```
定义 void search(i) 表示，在 i 行寻找皇后的位置：{
在每一列尝试放一个皇后
    for (int j=1; j<=8; j++)
        if ( 本列没有皇后 && 右斜对角线没有皇后 && 左斜对角线没有皇后 )
        {
            记录摆放在第几列
            控制列
            控制右对角线
            控制左对角线
            if（摆完八行皇后）输出结果
              else search(i+1) 继续放下一行皇后；
            // 悔棋，拿走刚才摆放的皇后
            释放列
            释放右对角线
            释放左对角线
        }
}
```

我们再来看一下完整的代码实现。

【代码实现】

```
#include <stdio.h>
int a[9];  // a[i] 表示第 i 行皇后放置在第 a[i] 列，a 数组的下标是行数，内容是列数
bool b[9]={0}, c[16]={0}, d[16]={0};
 // b[i] 表示第 i 列是否有皇后，控制同一列
 // c[i] 数组表示 x（行）+y（列）=i 的位置是否有皇后，控制同一对角线右斜线
 // d[i] 数组表示 x（行）-y（列）=i 的位置是否有皇后，控制同一对角线左斜线
```

```
int n=8, total=0;  // total 表示所有解的总数

void print()
{
    total++;  // 解的总数 +1
    for (int i=1; i<=n; i++)  // 输出每行皇后放置的位置
    {
        printf("%d    ",a[i]);
    }
    printf("\n");

}

void search(int i)
{
    // 一共 n 列, 逐个尝试
    for (int j=1; j<=n; j++)
    // 如果 j 列、i+j 对角线上、i-j 对角线上没有皇后控制, 则可以摆放在这
    // 由于 C++ 没有负数组, 我们用 i-j+7 表示
        if ( !b[j] && !c[i+j] && !d[i-j+7])
        {
            a[i]=j;  // 第 i 行皇后放置第 j 列
            b[j]=1;  // 控制第 j 列
            c[i+j]=1;  // 控制 i+j 对角线
            d[i-j+7]=1;  // 控制 i+j-7 对角线
// 如果 n 个皇后都摆放完成, 则输出, 此处为递归边界
            if (i == n) print();
// 否则继续递归寻找下一个皇后摆放位置
                else search(i+1);
// 递归完成后, 回溯到上一步, 释放当前皇后的控制位置
// 悔棋, 拿走第 i 行皇后 (这一行可以不写, 同学们想想为什么)
            a[i]=0;
            b[j]=0;  // 释放第 j 列
            c[i+j]=0;  // 释放 i+j 对角线
            d[i-j+7]=0;  // 释放 i+j-7 对角线
        }
}

int main()
{
    search(1);  // 摆放第一个皇后位置
    printf(" 一个 %d 种摆放方案 \n", total);

    return 0;
}
```

　　上面寻找八皇后的算法，我们称它为回溯算法。同学们发现没有，回溯算法实际上有一点类似于枚举算法，它是尝试枚举所有可行道路的搜索过程。回溯算法基本思路是：枚举选择某一种可能进行搜索，当发现已不满足求解条件时，就"回溯"返回，尝试别的路径；如果满足则继续向前搜索，反复进行，直至搜索出答案或者无解。

　　上一节，我们学了递归的定义：函数调用自身函数，在回溯算法中，我们也发现了递归现象，而递归最重要的是需要编写一个递归边界条件，在回溯算法中满足回溯条件的某个状

态的点称为"回溯点"，这个回溯点也就是递归边界，八皇后中的（i=8）就是回溯点。所以回溯算法是枚举算法和递归算法的结合应用，也是计算机解题中非常经典的算法。其实回溯搜索的过程，也是另外两种算法深度优先搜索和广度优先搜索的简化版，相关知识我们将在第 6 章继续探讨搜索。

是不是有点难理解呢？没关系，回溯算法是初期学习基本算法的第一大障碍，需要我们反复多思考几遍，打通"任督二脉"之后，后续学习算法就会轻松很多。

为了便于大家尽快"打（xue）通（hui）任（hui）督（su）二（suan）脉（fa）"，我们设计了一套回溯算法框架，大家在用回溯算法解题时，可以套用框架即可：

```
void search(int k)
{
    For (i=1;i<= 可行解种数 ;i++)
    If （满足条件）
    {
        保存结果；
        If （找到结果）输出解；
            Esle search(k+1)
        回溯：恢复上一步状态
    }
}
```

2.4 分装备——贪心算法

在算法的帮助下，小明、小红、小强和小花等小伙伴们一起打通了这个地图的团队副本！哇，打完 BOSS 爆了好多装备！可以开开心心地分装备啦！

每个装备都有自己的价格，暴烈之甲（5 金）、护腕（1 金）、贤者之书（15 金）、水银鞋（3 金）、虚无法杖（8 金）。每个小伙伴都想拿贵的装备，但他们的期望也是不同的，只要达到他们的期望，他们就会很开心，小红期望拿到价值 5 金以上的装备，小强期望 10 金，小花期望 7 金，小刚期望 9 金，小兰家里是土豪，她只有拿到 15 金才会开心，而小明刚玩游戏，是个穷小子，只要拿 2 金以上就很开心了。

作为这次开副本的团队长小明，担负着分装备的责任，这些小伙伴都是和小明从小学一年级一起玩到现在的，我也希望能让更多的人开心。

那我该怎么分装备才能让最多的小伙伴开心呢？大家可以试着连线看看，要找出最多小伙伴开心的分配方法非常简单，也非常多。

期望值　5　10　7　9　15　2

装备价格　5　1　15　3　8

　　分配的方法非常多，小明想找出一种分配方案，以后每次打完副本，按这个方案分配就能得到最优结果，而且后面的副本会越来越大，参加副本的小伙伴也会越来越多，小明忙不过来，希望计算机能帮我完成分配，大家一起来听听我的分配方案。

第1步　先将小伙伴的期望值做个排序（用我们第 1 章学到的排序算法就行）。

期望值　2　5　7　9　10　15

第2步　将装备按价格进行排序。

装备价格　1　3　5　8　15

第3步　我们先分第一个装备，发现第一个装备达不到小明的期望值，连小明都不要的装备（垃圾装备，不要也罢，小明虽然穷，但也不是收垃圾的！），后面的小伙伴就不用尝试了，肯定不会开心。

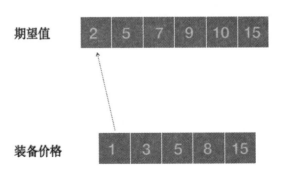

期望值　2　5　7　9　10　15

装备价格　1　3　5　8　15

第4步　再分第二个装备，小明拿到 3 金的装备就已经很开心了，就不需要用后面更贵的装备了。

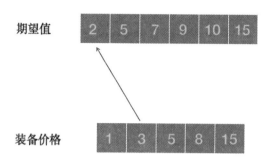

第5步　把 5 金装备分给第二个小伙伴也不会开心。

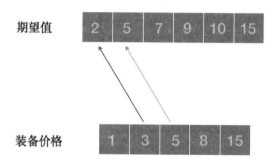

第6步　把 8 金装备分给第二个小伙伴，达到他的期望值。

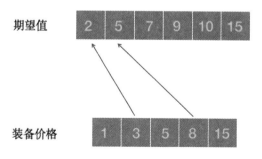

第7步　把 15 金装备分给第三个小伙伴，也达到了他的期望值。

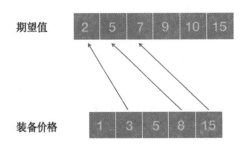

分完五个装备，我们找到了能让 3 个小伙伴开心的分配方法，发现期望值越小的小伙伴越优先被满足，期望值数组前面被满足的个数就是开心小伙伴的个数，我们尝试着把分配方法变成计算机语言。

【代码实现】

```
#include <iostream>
#include <cstdio>
using namespace std;
void quickSort(int a[], int start, int end)
{
    int tmp, i = start, j = end;
    // 将当前序列在中间位置的数定义为中间数
    int mid = a[(i+j)/2];
    do
    {
        // 在左半部分寻找比中间数大的数
        while (a[i] < mid)
            i++;
        // 在右半部分寻找比中间数小的数
        while (a[j] > mid)
            j--;
        // 若找到一组与排序目标不一致的数对则交换它们
        if (i <= j)
        {
            // 交换a[j]和a[i]
            tmp = a[j];
            a[j] = a[i];
            a[i] = tmp;
            // 交换完毕，继续找
            i++;
            j--;
        };
    }while (i <= j);

    // 若未到两个数的边界，则递归搜索左右区间
    if (start < j) quickSort(a, start, j);
    if (end > i) quickSort(a, i, end);
}

int main()
{
    int n=6;
```

```
    int a[6] = {5, 10, 7, 9, 15, 2};   // 小伙伴的期望值

    int m=5;
    int b[5] = {5, 1, 15, 3, 8};   // 装备的价格

    int player = 0;   // 标记从第一个玩家开始找
    int prop = 0;   // 标记从第一个装备开始找

    quickSort(a, 0, 5);   // 对期望值排序
    quickSort(b, 0, 4);   // 对装备价格排序

    // 玩家没找完，并且装备没分完，则继续找
    while (player < n && prop < m)
    {
        // 找到一个拿b[prop]道具能开心的玩家，玩家标记前进一步
        if  (b[prop] > a[player]) player++;
        // 道具标记前进一步
        prop++;
    }

    printf(" 一共有 %d 个同学得到满足 \n", player);
    return 0;
}
```

　　每一步都选择当前最优的解，这种算法叫作贪心算法，也叫贪婪算法。顾名思义，贪心算法就是一个贪婪的人，他不考虑后面的结果，每次都选择当前对他最有利的决定。也就是说，不从整体最优上加以考虑，他所做出的决定是在某种意义上的局部最优解。

　　贪心算法不是对所有问题都能得到整体最优解，关键是贪心策略的选择，选择的贪心策略必须具备无后效性，即某个状态以前的过程不会影响以后的状态，只与当前状态有关。

　　贪心算法的概念很好理解，但贪心算法的核心是贪心策略的选择，如何选择贪心策略，能让每一步都是最优的情况下，全局也是最优。

　　所以我们在分析问题时，需要看清问题是否满足贪心策略选择的前提：局部最优策略能导致产生全局最优解。

2.5　二分查找——分治算法

　　打完 BOSS 后，NPC 又给我们出了一个难题，他说：“我心里想一个 1000 以内的正整数，你们来猜这个数是多少，如果你们猜的数字比我想的数大，我会告诉你“比 X 大”；如果你们猜的数字比我想的小，我会告诉你“比 X 小”；猜中了我会说“BINGO!”，在 10 次以内猜中算你们赢！”

通关的钥匙在 NPC 手上，只有赢了他，我们才能拿到钥匙。只有一次机会，输了前面的副本都白打了，有稳赢的策略吗？

小明根据 NPC 的要求写了一段游戏代码。

【猜数字游戏】

```cpp
#include <iostream>
#include <cstdio>
#include <time.h>

using namespace std;
int main()
{
    int n,total=1;

    // 生成一个 1～1000 的随机数
    srand((unsigned)time(NULL));
    int m = rand() % 1000 +1;

    printf("请开始猜数吧! \n");
    scanf("%d",&n);
    while (n!=m)
    {
        if (n < m) { printf("比 %d 大 \n", n);}
        if (n > m) { printf("比 %d 小 \n", n);}
        scanf("%d",&n);
        total++;
    }

    printf("BINGO!,你一共猜了 %d 次 ", total);
    return 0;
}
```

大家也来玩玩看吧！你们最多的一次是多少次猜中呢？这其实就是我们以前玩过的猜数字游戏，但我们需要怎么样的策略，才能保证 10 次以内猜中？

小明想到了一个策略（假设 NPC 想的数是 key）。

（1）每次都猜中间数：X= (start + end)/2。

（2）如果 key>X，则在 [X+1，end] 之间继续寻找，start =X+1，重复第一步查找。

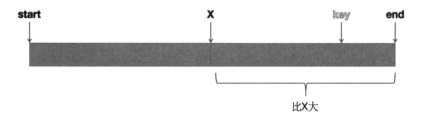

（3）如果 key<X，则在 [start，X-1] 之间继续找，end=X-1，重复第一步查找。

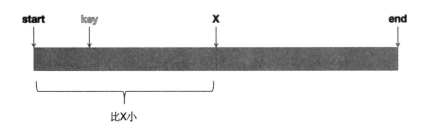

（4）如果 key=X，则表示我们找到这个数了！

我们试着套用上面的策略猜猜 NPC 想的数字，假如 NPC 想的数就是 1000（一个很极端的数字）。

第 1 次：key 在 [1,1000] 之间，我们猜 500，比 Key 小。

第 2 次：key 在 [501,1000] 之间，我们猜 750，比 Key 小。

第 3 次：key 在 [751,1000] 之间，我们猜 875，比 Key 小。

第 4 次：key 在 [876,1000] 之间，我们猜 938，比 Key 小。

第 5 次：key 在 [939,1000] 之间，我们猜 969，比 Key 小。

第 6 次：key 在 [970,1000] 之间，我们猜 985，比 Key 小。

第 7 次：key 在 [986,1000] 之间，我们猜 993，比 Key 小。

第 8 次：key 在 [994,1000] 之间，我们猜 997，比 Key 小。

第 9 次：key 在 [998,1000] 之间，我们猜 999，比 Key 小。

第 10 次：key 在 [1000,1000] 之间，我们猜 1000，BINGO！

我们再来试试看，假如 NPC 想的数就是 386。

第 1 次：key 在 [1,1000] 之间，我们猜 500，比 Key 大。

第 2 次：key 在 [1,499] 之间，我们猜 250，比 Key 小。

第 3 次：key 在 [251,499] 之间，我们猜 375，比 Key 小。

第 4 次：key 在 [376,499] 之间，我们猜 437，比 Key 大。

第 5 次：key 在 [376,436] 之间，我们猜 406，比 Key 大。

第 6 次：key 在 [376,405] 之间，我们猜 390，比 Key 大。

第 7 次：key 在 [376,389] 之间，我们猜 382，比 382 小。

第 8 次：key 在 [383,389] 之间，我们猜 386，BINGO！

这回我们只用 8 次就猜中了。

我们将策略转换成代码实现。

【代码实现】

```cpp
#include <iostream>
#include <cstdio>
using namespace std;
int total=0;
int binarySearch(int a[], int start, int end, int key)
{
    // 每次找中间数
    int mid = (start + end)/2;
    total++;
    printf("key 在 [%d,%d] 之间，第 %d 次猜 %d！\n", start, end, total, mid);

    // 如果都找完了，则表示要找的数不在数组中
    if(start > end)
        return -1;
    else{
        // 如果找到了，则返回数组下标
        if(a[mid] == key)
            return mid;
        else if(a[mid] > key)
            // 如果要找的数比 mid 小，则在左边继续找
            return binarySearch(a, start, mid-1, key);
        else
            // 如果要找的数比 mid 大，则在右边继续找
            return binarySearch(a, mid+1, end, key);
    }
}

int main()
{
    int n=1000, a[1000], key;
    for (int i=1; i<=1000; i++) a[i]=i;

    printf("请输入你想的数！\n");
    scanf("%d",&key);
```

```
    int index = binarySearch(a, 1, n, key);

    if (index >= 0)
        printf("%d 位于数组 a 中，一共猜了 %d 次 ", key, total);
    else
        printf(" 不在数组中 ");
    return 0;
}
```

每一次我们都选取中间数，使得可选的范围缩小一半，当范围缩小到只有一个数时，就是我们要找的数，我们算一下算法的时间复杂度为：$O(\log_2 n)$，在最差的情况下，我们用 10 次也能找到答案。

不断分解，将一个较大规模的问题分解为若干个规模较小的子问题，求出子问题的解，就可以得到原问题的解，这种算法叫作分治算法。具备分治算法的问题需要具备如下条件：

（1）原问题分解成的子问题可以独立求解，子问题之间没有相关性，且子问题有很强的相同性，可用递归不断分解；

（2）具备分解终止条件，具备递归边界；

（3）可将子问题合并回原问题。

上面二分查找的例子就是很经典的分治算法，不断二分数组范围，最终在数组只剩一个数时，找到解，a[mid] == key 和 start > end 都是递归边界，加上 start > end 边界，是为了防止要找的数不在数组里（NPC 欺骗我们……）。

分治算法不仅仅是用二分算法解决问题，也可能是三分、四分、N 分，当然二分是我们最常用的一种分治方式，我们称之为二分法。

下面我们再来讲个三分的例子。

【问题】

有十二个球和一个天秤，天秤只能比对左右两边重量，现在只知道其中一个球坏了（和标准球重量不同），坏球有可能比标准球重，也有可能比标准球轻。问：怎么样才能用 3 次就找到那个坏球？

大家先不要看下面的答案，先自己想想看，提醒一下，用三分法解决问题。

【答案】

我们先将 12 个球分成 3 堆。

第一步：在天秤左边放 1、2、3、4 号球，在天秤右边放 5、6、7、8 号球。

（一）两边一样重，说明这 1 ～ 8 号都是标准球，坏球在 9 ～ 12 号球中。

第二步：天秤左边放 1、2、3 号球，天秤右边放 9、10、11 号球。

（1）平衡，说明 9、10、11 号球是标准球，坏球是 12 号。

第三步：天秤左边放 1 号球，天秤右边放 12 号球。

● 平衡，不可能

● 左边重，12 号球是坏球，偏轻

● 右边重，12 号球是坏球，偏重

（2）左边重，因为 1、2、3 号球标准，说明坏球在 9、10、11 号球中，坏球偏轻。

第三步：天秤左边放 9 号球，天秤右边放 10 号球。

● 平衡，11 号球是坏球，偏轻

● 左边重，10 号球是坏球，偏轻

● 右边重，9 号球是坏球，偏轻

（3）右边重，因为 1、2、3 号球标准，说明坏球在 9、10、11 号球中，坏球偏重。

第三步：天秤左边放 9 号球，天秤右边放 10 号球。

● 平衡，11 号球是坏球，偏重

● 左边重，9 号球是坏球，偏重

● 右边重，10 号球是坏球，偏重

（二）天秤左边重，说明坏球在 1 ~ 8 号球中，9 ~ 12 号球是标准球。

第二步：天秤左边放 1、6、7、8 号球，天秤右边放 5、9、10、11 号球。

（1）平衡，说明坏球在 2、3、4 号球中，第一步中 1 ~ 4 号球偏重，所以坏球偏重。

第三步：天秤左边放 2 号球，天秤右边放 3 号球。

● 平衡，4 号球是坏球，偏重

● 左边重，2 号球是坏球，偏重

● 右边重，3 号球是坏球，偏重

（2）左边重，因为第一步中 9 ~ 11 号球是标准球，5 ~ 8 号球不可能偏重，所以要么是 1 号球偏重，要么是 5 号球偏轻。

第三步：天秤左边放 1 号球，天秤右边放 2 号球。

● 平衡，5 号球是坏球，偏轻

● 左边重，1 号球是坏球，偏重

● 右边重，不可能

（3）右边重，说明 5 号球是标准球，坏球在 6、7、8 号球中，坏球偏轻。

第三步：天秤左边放 6 号球，天秤右边放 7 号球。

- 平衡，8 号球是坏球，偏轻

- 左边重，7 号球是坏球，偏轻

- 右边重，6 号球是坏球，偏轻

（三）天秤右边重，说明坏球在 1 ~ 8 号球中，9 ~ 12 号球是标准球。

第二步：天秤左边放 1、6、7、8 号球，天秤右边放 5、9、10、11 号球。

（1）平衡，说明坏球在 2、3、4 中，第一步中 1 ~ 4 号球偏轻，所以坏球偏轻。

第三步：天秤左边放 2 号球，天秤右边放 3 号球。

- 平衡，4 号球是坏球，偏轻

- 左边重，3 号球是坏球，偏轻

- 右边重，2 号球是坏球，偏轻

（2）左边重，说明 5 号球是标准器，坏球在 6、7、8 号球中，坏球偏重。

第三步：天秤左边放 6 号球，天秤右边放 7 号球。

- 平衡，8 号球是坏球，偏重

- 左边重，6 号球是坏球，偏重

- 右边重，7 号球是坏球，偏重

（3）右边重，因为第一步中 9 ~ 11 号球是标准球，5 ~ 8 号球不可能偏轻，所以要么是 1 号球偏轻，要么是 5 号球偏重。

第三步：天秤左边放 1 号球，天秤右边放 2 号球。

- 平衡，5 号球是坏球，偏重

- 左边重，不可能

- 右边重，1 号球是坏球，偏轻

第 3 章

爆满的服务器与背包

3.1 服务器爆满——队列

随着假期的到来，玩游戏的小伙伴越来越多了，小明再也不能每次都秒登录，点开服务器列表，每个服务器都是爆满的红点。

但这依然不能阻挡我们玩游戏的热情！点开我们常进的【王者大陆】，游戏界面显示"【王者大陆】人数已满，正在排队进入，队列位置：8938，预计时间 15 分钟"。

随着时间的流逝，我们队列位置不断前进，"【王者大陆】人数已满，正在排队进入，队列位置：7855，预计时间 13 分钟"。

好着急好着急，还要等 13 分钟。在等待排队的时间里，我们就先来学习一下游戏里面的这种排队机制是怎么实现的。

像我们这样排队进服务器，排在前面的人先进服务器（离开排队队伍），而后来的人总是排在队伍末尾的行为，在计算机中称为队列。队列是限定在一端进行插入，另一端进行删除的特殊线性表，允许删除（出队）的一端（排在队伍最前面的）称为队头，允许插入（入队）的一端（排在队伍最后面的）称为队尾。对于队伍里的所有元素，都是遵循先进先出的"公平"原则，所以队列又被称为 FIFO（First Input First Output）表。

队列在算法中由三个元素组成：一个存储内容的数组，一个指向队头的指针和一个指向队尾的指针：

```
queue
{
int data[10];  // 队列的主体
int head;  // 队头指针，指向实际队头元素的前一个位置
int tail;  // 队尾指针，指向实际队尾元素的位置
};
```

这里为什么要指向队列队头元素的前一个位置呢？因为当队中只有一个元素时，head 和 tail 才不会重叠，而当 head 与 tail 重叠时（head==tail），则表示队列为空；同时队列元素的个数也容易计算，即：tail-head。

我们定义一个 queue[10] 的队列，初始状态 head=0，tail=0，此时队列为空。

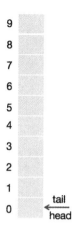

我们入队 7 个元素之后，head=0，tail=7，此时队列中有 7 个元素。

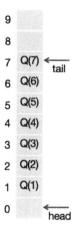

再入队一个 Q(8) 元素，head=0，tail=8，此时队列中有 8 个元素。

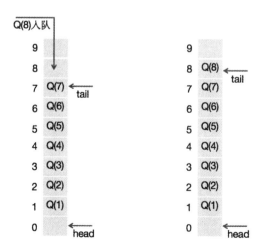

此时有元素出队，队首元素为 Q(1)，Q(1) 出队，head=1，tail=8，此时队列中有 7 个元素。

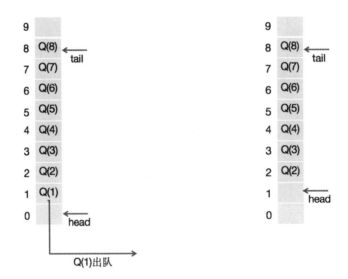

再入队一个 Q(9) 元素，head=1，tail=9，此时队列中有 8 个元素。

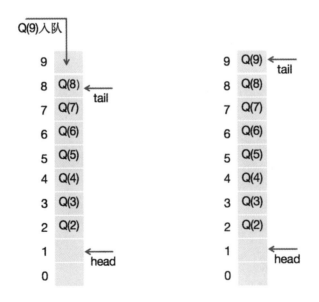

再入队一个 Q(10) 元素，tail++，我们发现队列"满了"，队尾没法再插入元素了，如果强行插入元素，则会发生数组溢出。

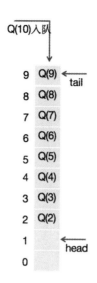

但是当前队列元素只有 8 个，并没有满，实际上我们定义的队列应该要存储 10 个元素才对，当前队列中还有两个空位置，所以这种溢出，我们称为"假溢出"。顺序队列中的溢出现象可分为以下三种。

（1）"下溢"现象：当队列为空时，做出队运算产生的溢出现象。"下溢"是正常现象，常用作程序控制转移的条件。

（2）"真上溢"现象：当队列满时，做入队运算产生的溢出现象。"真上溢"是一种出错状态，应设法避免。

（3）"假上溢"现象：由于入队和出队操作中，头尾指针只增加不减少，致使被删元素的空间永远无法重新利用。当队列中实际的元素个数远远小于空间的规模时，也可能由于尾指针已超越向量空间的上界而不能做入队操作。该现象称为"假上溢"现象。

"假上溢"现象是非常浪费空间的，为了合理利用空间，克服假溢出现象，我们有两种解决方法，一种是将队列中的所有元素向低地址区移动：我们使用队列，就是利用队列队首和队尾指针的移动来提高进队和出队效率，很显然这种将队列中的所有元素向低地址区移动的方式是非常浪费时间的。

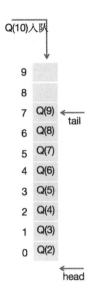

另外一种方式是将存储区看成是一个队列首尾相连的环形区：

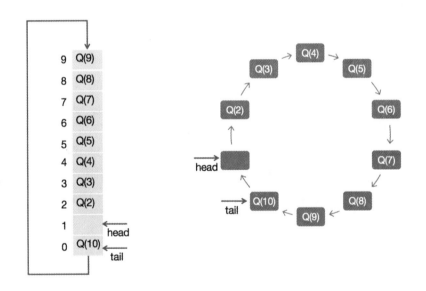

当 tail 到达数组上限时，将 tail 置为 0，当 head==tail 时，表示数组存储已满，作"真上溢"处理，利用循环的技巧使得空间都得到合理利用，这种队列我们称之为循环队列。

登录游戏的队列终于等到小明出队了，进入游戏，我们再来看看游戏里队列的例子吧！

小明在游戏里的角色是个战士，游戏里有个副本需要战士和法师共同完成，副本每天会开启 30 次，战士和法师分别进行排队，系统会根据排队顺序自动匹配一个战士和一个法师进行副本挑战，完成挑战后，会继续进入队列等待匹配。假设现在有 4 名战士和 9 名法师，能模拟出他们的匹配队伍情况吗？

我们先来分析一下：

（1）根据题目所知，战士和法师分别是两个队列，每次匹配会分别从队首出队一个元素；

（2）匹配完成后，重新进行队列匹配，即队首元素先出队，然后再从队尾入队；

（3）上述循环进行 30 次匹配。

【代码实现】

```cpp
#include<cstdio>
#include<iostream>
using namespace std;
int main()
{
    int m=4, n=9, k=30;
    int a[30], b[30];  // 这里我们没用循环队列，所以将队列长度设置长一些

    for (int i=1; i<=m; i++) a[i]=i;  // 标记战士号码
    for (int i=1; i<=n; i++) b[i]=i;  // 标记法师号码

    int head1=1, head2=1;  // 指向两个队列队首
    int tail1=m, tail2=n;  // 指向两个队列队尾


    for (int i=1; i<=k; i++)
    {
        printf("%d  %d\n", a[head1], b[head2]);  // 匹配
        tail1++;  // 战士队队尾 ++
        a[tail1]=a[head1];  // 在战士队队尾插入队首元素
        head1++;  // 战士队队首出队
        tail2++;  // 法师队队尾 ++
        b[tail2]=b[head2];  // 在法师队队尾插入队首元素
        head2++;  // 法师队队首出队
    }

    return 0;
}
```

以上我们使用了最传统的数组加队首队尾指针的方式给大家介绍队列，实际上，在 C++ 中，有现成的库帮我们封装了队列的实现（厉害的算法最终都会封入库中～），我们只要在头文件中定义 #include<queue>，就可以使用 queue<int> a 方式来声明一个队列。

在 STL 封装的 queue 库中，还提供了一些队列的操作方法：

a.empty()　　　　　如果队列为空返回 true，否则返回 false

a.size()　　　　　返回队列中元素的个数

a.pop()　　　　　删除队列首元素但不返回其值

a.front()　　　　　返回队首元素的值，但不删除该元素

a.push()　　　　　在队尾压入新元素

a.back()　　　　　返回队列尾元素的值，但不删除该元素

利用上面的方法，我们就能方便地操作队列，不用再去关心队列的首尾在哪，只需明白队列是按照"先进先出"原则进行出队入队即可。

我们使用封装好的 queue 库，再实现一次上面的问题。

【代码实现】

```cpp
#include<cstdio>
#include<iostream>
#include<queue>
using namespace std;
int main()
{
    int m=4, n=9, k=30;
    queue<int> a, b;
    for (int i=1; i<=m; i++) a.push(i);  // 战士分别入队
    for (int i=1; i<=n; i++) b.push(i);  // 法师分别入队

    for (int i=1; i<=k; i++)
    {
        printf("%d  %d\n", a.front(), b.front());  // 匹配两队队首
        a.push(a.front());  // 在战士队队尾插入队首元素
        a.pop();  // 战士队队首出队
        b.push(b.front());  // 在法师队队尾插入队首元素
        b.pop();  // 法师队队首出队
    }

    return 0;
}
```

代码是不是看起来更顺眼，与题目描述更加符合呢？

"是啊，小明你怎么不早点说呢？害大家理解了半天 head、tail……"

其实，小明前面介绍的 head、tail 是队列操作的原理，大家只有真正了解了原理，才能

将队列用得得心应手，SLT 是 C++ 提供的非常强大的库，很好用但也很复杂，在后续的章节中（深度优先搜索、广度优先搜索、图论等），我们会不断使用到 SLT 库中的队列，所以需要大家先打好基础。

3.2 合成宝石——优先队列

打完战士和法师副本，系统送了我们一堆的碎宝石，宝石的价格和重量相等，这些碎宝石可以送到武器大师那里进行合并，最终合并成一颗大宝石才能镶嵌到装备里。但是武器大师的收费是很贵的，每一次合并，武器大师可以将两颗碎宝石合并成一颗（重量为两个宝石相加之和），收取的费用等于两颗碎宝石的价格之和。因为小明才玩游戏不久，还是个穷小子，需要设计出合并的次序方案，使要给武器大师的钱最少。

例如有三颗碎宝石，价格依次是 1，2，9。可以先将 1、2 颗合并，新宝石重量为 3，耗费金币为 3 金。接着，将新宝石与原先的第三颗宝石合并，又得到新宝石，重量为 12，耗费金币为 12 金。所以小明总共耗费金币为 3+12=15 金。可以证明 15 金为最小的金币耗费值。

合并的次序方案很容易给出，我们可以用第 2 章学过的贪心算法来解决，贪心算法策略是：每次都选背包里最小的两颗宝石合并即可，直到只剩一颗为止。

贪心策略很简单，但怎么才能最快地找出包里最小的两颗宝石呢？排序呗！我们第 1 章学了那么多排序，怎么选？因为数组本来就是有序的，我们只要将合成出来的新宝石插入合适的位置即可，不用对其他数重新进行排序，这里使用一种新的排序方式——插入排序。

这次小明要合并六颗宝石，重量分别是 3、9、12、1、20、10。

第 1 步 先将宝石重量做一次从大到小的排序（此时宝石无序，我们可用快排）。

$$ \boxed{20}\;\boxed{12}\;\boxed{10}\;\boxed{9}\;\boxed{3}\;\boxed{1} $$

第 2 步 我们选择最小的两颗宝石合并，即最后两颗宝石，合并后得到 4；再从最后往前比对，如果当前位置数比合并后的数小，则当前数往后挪动一位，否则合并后的数放在当前的数后面；此时 4<9，所以放到 9 后面即可。

第3步 继续合并最小的两颗 9 和 4，合并后得到 13；13>10，则 10 向后挪动一位；13>12，则 12 向后挪动一位；13<20，则放置在 20 后面。

第4步 继续合并最小的两颗 12 和 10，合并后得到 22；22>13，则 13 向后挪动一位；22>20，则 20 向后挪动一位；由于到达数组的最前面，则表示当前数是数组中的最大数，直接放置在数组第一位。

第5步 继续合并最小的两颗 20 和 13，合并后得到 33；33>22，则 22 向后挪动一位；由于到达数组的最前面，则表示当前数是数组中的最大数，直接放置在数组第一位。

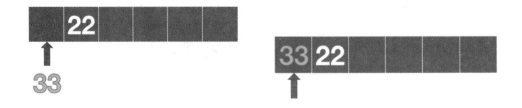

第6步 继续合并最小的两颗 33 和 22，合并后得到 55，此时数组只剩一个元素，合并结束。共计消费金币 4+13+22+33+55=127 金。

【代码实现】

```cpp
#include <iostream>
#include <cstdio>
using namespace std;
int cmp(const void *a,const void *b)
{
    return *(int *)b- *(int *)a;
}
int main()
{
    int n,a[100];
    int total=0;
    int i,j;

    scanf("%d",&n);

    for (i=0; i<n; i++)
    {
        scanf("%d",&a[i]);
    }

    // 将数组按从大到小排序
    qsort(a,n,sizeof(int),cmp);

    // 从后往前扫描
    for (i=n-1; i>0; i--)
    {
        // 选择最后面的两个数合并，合并后得到一个新的值 temp 后
        int temp =a[i]+a[i-1];
        total +=temp;

        // 用插入排序，把合并后的数插入数组合适的位置
        for(j=i-2; j>=0; j--)
        {
            // 如果当前位置上的数比 temp 小，则向后挪动一位，给 temp 留出插入空间
            if(temp>a[j])
            {
                a[j+1]=a[j];
            }
            else
            {
                a[j+1]=temp;
                break;
            }
        }
        // 如果数组中所有数都比 temp 小，则 temp 插入第一位
        if(j<0) a[0]=temp;
    }

    printf("%d\n",total);
    return 0;
}
```

在这里我们使用了 qsort(a,n,sizeof(int),cmp); 函数对数组进行快速排序，C++ 的 stdlib 库中有一个快速排序的标准库函数 qsort，分别传入：

（1）待排序数组首地址；

（2）数组中待排序元素数量；

（3）各元素的占用空间大小；

（4）指向函数的指针，用于确定排序的顺序（这个函数是要自己写的，sort 中默认为升序）

即可对数据进行快速排序，再一次证明了凡是经典、厉害的函数都将入库。

我们再介绍另外一种合并次序的解决方案——优先队列，优先队列是一种抽象的数据类型，它的操作行为和队列一样，但操作原则不再是"先进先出"原则，而是队列中优先级最高的元素先出，就像我们登录游戏排队时，被 VIP 玩家插队了（VIP 等级越高，越优先出队）。

可以简单地将优先队列理解为带自动排序功能的队列，根据优先顺序，可以分为：

最大值优先队列，不管入队顺序，当前最大的元素优先出队。

最小值优先队列，不管入队顺序，当前最小的元素优先出队。

优先队列实现的原理，我们先不在这里讨论，等下一章学到了树，我们讲小根堆、大根堆时，再细说原理。

同样 C++ 也有现成的库帮我们封装了优先队列的实现，我们只要在头文件中定义 #include<queue>，就可以使用 priority_queue<int,vector<int>,greater<int> > q; 方式来声明一个最小值优先队列。

priority_queue 也提供了和普通队列的一样的操作方法：

a.empty()   如果队列为空返回 true，否则返回 false

a.size()   返回队列中元素的个数

a.pop()   删除队列首元素但不返回其值

a.front()   返回队首元素的值，但不删除该元素

a.push()   在队尾压入新元素

a.back()   返回队列尾元素的值，但不删除该元素

再来看一下用优先队列方式实现的代码。

【代码实现】

```
#include <iostream>
#include <cstdio>
#include<queue>

using namespace std;

int main()
{
    priority_queue<int,vector<int>,greater<int> > q;   // 定义一个最小值优先队列
    int n,x,total=0;
    scanf("%d",&n);

    for (int i=1; i<=n; i++)
    {
        scanf("%d",&x);
        q.push(x);   // 入队元素
    }

    if ( n==1 )
    {
        printf("%d",x);
        return 0;
    }

    while (q.size() > 1)
    {
        int temp =q.top();
        q.pop();   // 出队一个最小值
        temp +=q.top();
        q.pop();   // 再出队一个最小值
        total += temp;
        q.push(temp);   // 将合并后的值重新入队

    }
    printf("%d",total);
    return 0;
}
```

3.3 背包里的道具——栈

说完了队列，就不得不提栈。

想象一下，我们将打 BOSS 掉的装备一件一件地放进背包里，先放进来的压在了背包底下，随后一件一件道具往上放。要取走时，只能先取最上面的道具，也就是最后放进去的道具。背包的口子只有一个，堆和取都只能在口子顶部进行，底部的道具都不动。这种操作

行为，在计算机中我们称为栈。

栈（Stack）又名堆栈，它是一种运算受限的线性表。限定仅在表尾进行插入和删除操作的线性表。这一端被称为栈顶，相对把另一端称为栈底。向一个栈插入新元素又称作进栈、入栈或压栈（push），它是把新元素放到栈顶元素的上面，使之成为新的栈顶元素；从一个栈删除元素又称作出栈或退栈（pop），它是把栈顶元素删除掉，使其相邻的元素成为新的栈顶元素。与队列相反，栈里的所有元素，都是遵循"先进后出"的"不公平"原则，所以栈又被称为 LIFO（LastInput First Output）表。

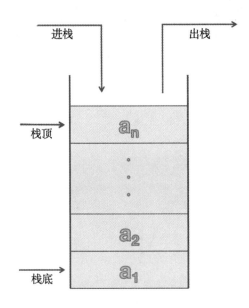

栈的存储结构不像队列，需要两个指针来维护，栈只需要一个指针就够了，这得益于栈是受限于只在一端操作的线性表。top 指针指向栈顶，所有的操作只能在 top 处：

```
stack
{
int data[10];  //栈的主体
int top;  //栈顶指针，指向栈顶元素的实际位置
};
```

我们接下来看一个关于出栈顺序的问题。

【问题描述】

有一个火车站，每辆火车从 A 方面驶入，车厢可以停放在车站 C 中，或从 B 方向驶出。假设从 A 方向驶来的火车有 n 节 (n ≤ 1000)，分别按照顺序编号为 1,2,3,...,n。假定在进入车

站前，每节车厢之间都不是连着的，并且它们可以自行移动到 B 处的铁轨上。另外，假定车站 C 可以停放任意多节车厢。但是一旦进入车站 C，它就不能再回到 A 方向的铁轨上了，并且一旦当它进入 B 方向的铁轨，它就不能再回到车站 C。

负责车厢调度的工作人员需要知道能否使它以 $a_1, a_2, ..., a_n$ 的顺序从 B 方向驶出，请来判断是否能得到指定的车厢顺序。

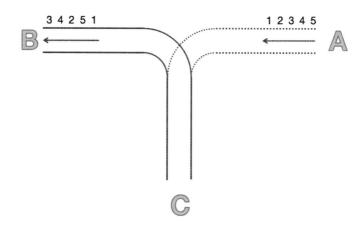

例如上图，有 5 节车厢，从 A 方向按 12345 顺序驶进，在 C 车站调度后，能否按 34251 的顺序驶出 B 方向？

我们先模拟进站和出站。

第 1 步 1 号车厢进站。

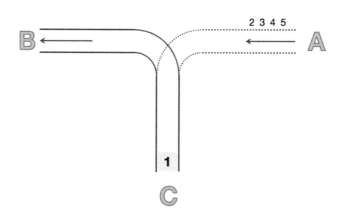

第 2 步 2 号车厢进站。

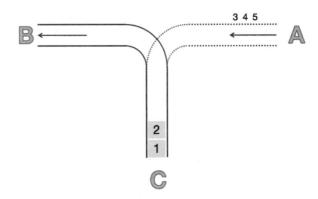

第3步 3号车厢进站。

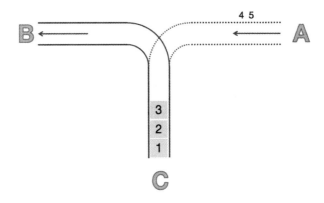

第4步 3号车厢出站。

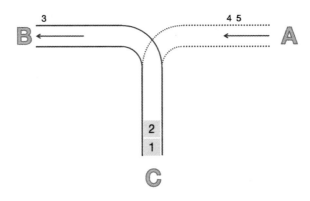

第5步 4号车厢进站。

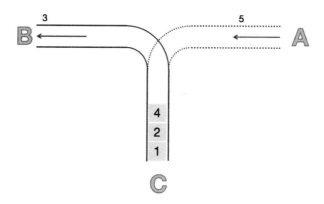

第6步 4号车厢出站。

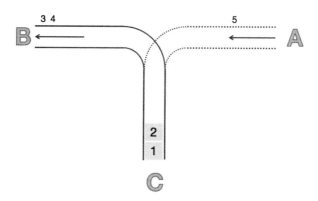

第7步 2号车厢出站。

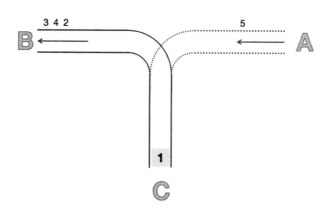

第 8 步 5 号车厢进站

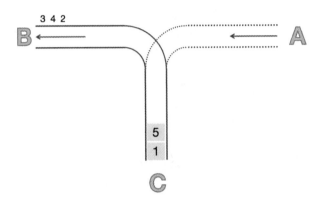

第 9 步 5 号车厢出站。

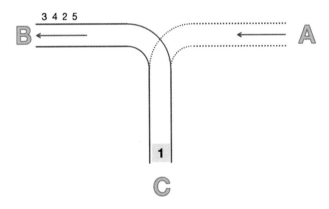

第 10 步 1 号车厢出站

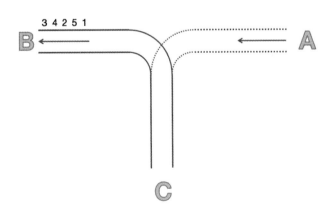

经过 C 车站调度，我们发现 34251 的出站顺序是可行的。

其实在这里，车站 C 相当于一个栈，我们通过模拟法可以发现如下规律（B_i 表示要输出的顺序）：

（1）如果 B_i 不在车站 C 中，我们就让若干车厢驶入 C 车站，直到 B_i 也驶入 C 车站；

（2）让 B_i 从 C 车站驶出（此时 B_i 停在 C 车站最前面）；

（3）如果 B_i 在车站 C 中，且 B_i 停在 C 车站的最前面，则让 B_i 从 C 车站驶出。

【代码实现】

```cpp
#include <iostream>
#include <cstdio>

using namespace std;

int main()
{
    int n,target[1000];  // target[] 表示目标车站顺序
    int stack[1000];  // C车站
    // 输入车厢数
    scanf("%d",&n);

    // 输入目标车厢出站顺序
    for (int i=1; i<=n; i++)
    {
        scanf("%d",&target[i]);
    }

    int top = 0;  // 栈顶指针，指向 C 车站最前面的车厢
    int a=1;  // 表示当前 A 车站准备进站的车厢号

    for (int i=1; i<=n; i++)
    {
        // 如果目标车厢比待进站车厢号小，说明还未进站，则让前面车厢先进站
        while ( a<=target[i] )
        {
            top++;
            stack[top]=a;
            a++;
        }
        // 车站里最前面的车厢等于目标车厢号，则出站
        if (stack[top]==target[i])
        {
            top--;
        }else{
            // 否则表示出站顺序不可能实现
            printf("%s", "NO");
            return 0;
        }
    }
    printf("%s", "YES");
```

```
        return 0;
}
```

在上面的代码中，我们还是先使用了传统的数组加栈顶指针的方式给大家介绍栈，STL
也有现成的库帮我们封装了栈的实现，我们只要在头文件中定义 #include<stack>，就可以使
用 stack<int> s 方式来声明一个栈。

在 STL 封装的 stack 库中，提供了一些栈的操作方法：

```
s.empty();    // 如果栈为空则返回 true，否则返回 false
s.size();     // 返回栈中元素的个数
s.top();      // 返回栈顶元素，但不删除该元素
s.pop();      // 弹出栈顶元素，但不返回其值
s.push();     // 将元素压入栈顶
```

我们使用封装好的 stack 库，再实现一次上面的问题。

【代码实现】

```cpp
#include <iostream>
#include <cstdio>
#include<stack>

using namespace std;

int main()
{
    int n,target[1000];  // target[] 表示目标车站顺序
    stack<int> s;  // C 车站

    // 输入车厢数
    scanf("%d",&n);

    // 输入目标车厢出站顺序
    for (int i=1; i<=n; i++)
    {
        scanf("%d",&target[i]);
    }

    int a=1;  // 表示当前 A 车站准备进站的车厢号

    // 循环车厢出站顺序
    for (int i=1; i<=n; i++)
    {
        // 如果目标车厢比待进站车厢号小，说明还未进站，则让前面的车厢先进站
        while ( a<=target[i] )
        {
            s.push(a);
            a++;
        }
        // 车站里最前面的车厢等于目标车厢号，则出站
        if (!s.empty() && s.top()==target[i])
        {
            s.pop();
```

```
            }else{
                // 否则表示出站顺序不可能实现
                printf("%s", "NO");
                return 0;
            }
    }
    printf("%s", "YES");
    return 0;
}
```

　　实际上这道题目考大家的是栈的出栈顺序问题，栈与队列的区别在于：栈的出栈顺序会因为进出栈顺序不同而不同，队列的出队顺序是固定不变的。例如，对于 123 序列按顺序进队，它的出队顺序一定是 123；但如果 123 序列按顺序进栈，它的出栈顺序却有下面 5 种。

　　（1）1 进—1 出—2 进—2 出—3 进—3 出，出栈顺序：123。

　　（2）1 进—1 出—2 进—3 进—3 出—2 出，出栈顺序：132。

　　（3）1 进—2 进—2 出—1 出—3 进—3 出，出栈顺序：213。

　　（4）1 进—2 进—2 出—3 进—3 出—1 出，出栈顺序：231。

　　（5）1 进—2 进—3 进—3 出—2 出—1 出，出栈顺序：321。

　　同学们，你们也试着来推导一下，1234 的出栈顺序有哪些?

（1）
（2）
（3）
（4）
（5）
（6）
（7）
（8）
（9）
（10）
（11）
（12）
（13）
（14）

序列再增长到 5 个、6 个呢？随着序列个数的增加，手工推导出栈顺序数就非常难了，我们需要借助计算机来帮助我们实现，在这里小明就不延伸了，感兴趣的同学可以自己编写代码运行试试看。小明可以告诉大家，出栈顺序的总个数符合卡特兰数的数列公式，英文名 Catalan number，是组合数学中一个经常出现在各种计数问题中的数列，以比利时的数学家欧仁·查理·卡塔兰（1814—1894）的名字命名。

3.4 十进制转任意进制

我们在 C++ 基础中学了进制，计算机中常用的有二进制、八进制、十六进制，我们日常中计数一般用十进制，那我们怎么能将日常的十进制数转换成计算机要求的进制呢？

十进制转任意进制最通用的方法是：除 x 取余倒排法（x 代表进制数）。

什么意思呢？即：

（1）将待转换的数除以进制数 x，取得商和余数；

（2）将商继续除以进制数，取得商和余数；

（3）不断循环第 2 步，直到商为 0 为止；

（4）倒序输出每一步所得的余数就是转换后的数。

我们先看看下面几个例子：

一、386 转成二进制

$$386 \ / \ 2 = 193 \ \cdots\cdots \ 0$$
$$193 \ / \ 2 = 96 \ \cdots\cdots \ 1$$
$$96 \ / \ 2 = 48 \ \cdots\cdots \ 0$$
$$48 \ / \ 2 = 24 \ \cdots\cdots \ 0$$
$$24 \ / \ 2 = 12 \ \cdots\cdots \ 0$$
$$12 \ / \ 2 = 6 \ \cdots\cdots \ 0$$
$$6 \ / \ 2 = 3 \ \cdots\cdots \ 0$$
$$3 \ / \ 2 = 1 \ \cdots\cdots \ 1$$
$$1 \ / \ 2 = 0 \ \cdots\cdots \ 1$$

所以 $(386)_{10} = (110000010)_2$

二、1386 转成八进制

$$1386 \ / \ 8 \ = \ 173 \ \cdots\cdots \ 2$$
$$173 \ / \ 8 \ = \ 21 \ \cdots\cdots \ 5$$
$$21 \ / \ 8 \ = \ 2 \ \cdots\cdots \ 5$$
$$2 \ / \ 8 \ = \ 0 \ \cdots\cdots \ 2$$

所以 $(1386)_{10} = (2552)_8$

三、17386 转成十六进制

$$17386 \ / \ 16 \ = \ 1086 \ \cdots\cdots \ 10$$
$$1086 \ / \ 16 \ = \ 67 \ \cdots\cdots \ 14$$
$$67 \ / \ 16 \ = \ 4 \ \cdots\cdots \ 3$$
$$4 \ / \ 16 \ = \ 0 \ \cdots\cdots \ 4$$

在十六进制中，10 需要转换成 A 表示，14 需要转换成 E 表示，所以 $(17386)_{10} = (43EA)_{16}$。

大家也来转换看看：

$$(911)_{10} \ = \ (\quad)_2$$
$$(985)_{10} \ = \ (\quad)_8$$
$$(12315)_{10} \ = \ (\quad)_{16}$$
$$(9413)_{10} \ = \ (\quad)_2 \ = \ (\quad)_8 \ = \ (\quad)_{16}$$
$$(386)_{10} \ = \ (\quad)_3$$
$$(985)_{10} \ = \ (\quad)_9$$
$$(1008)_{10} \ = \ (\quad)_{14}$$

明白了进制转换的原理，我们用算法怎么来实现呢？从上面的转换例子中我们可以看到，每一步计算取得余数，最后再将余数倒序输出，这正好符合栈的"先进后出"原则，我们将每步的余数依次作进栈操作，最后再将栈内元素依次作出栈操作即可。

【代码实现】

```cpp
#include <iostream>
#include <cstdio>
#include<stack>

using namespace std;

// 对十以上进制，要进行转换显示
char ch[]={'0','1','2','3','4','5','6','7','8','9','A','B','C','D','E','F','G',
'H','I','J','K','L','M','N','O','P','Q','R','S','T','U','V','W','X','Y','Z'};
int n,d;
stack<int> s;

int main(){
    scanf("%d%d",&n,&d);

    // 如果被除数大于 0
    while(n){
        // 将余数压栈
        s.push(n%d);
        // 将商作为被除数
        n=n/d;
    }
    // 将栈内元素出栈，直到栈空为止
    while(!s.empty()) {
        printf("%c",ch[s.top()]);
        s.pop();
    }
    return 0;
}
```

第 4 章

点亮技能树

4.1 ▶ 树

经过几天的努力，小明的等级升到了 30 级，终于不再是新手村的小喽啰了，30 级后就能学习更高阶的技能了，游戏里的技能树也被解锁了，这些技能都必须先点亮低阶技能，才能往下点亮更高阶的技能，来看看小明点亮的技能树吧。（小明要成为全服最厉害的战士～主修的技能都是物理攻击和防御类的～）

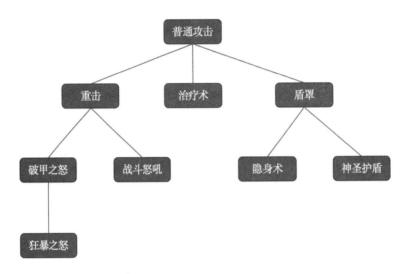

大家看看我们上面点亮的技能树和下面这幅图像不像？

小明猜你们现在一定把书倒过来看这图是什么了……

这是一棵普通的树。（其实一点都不普通，这是一棵让程序员看了都崩溃的树）

我们发现上面的技能树实际上类似于现实生活中的倒立的树，在计算机中，类似技能树的结构，我们称它为"树形"存储结构。

我们前面学习了栈和队列，它们都是线性的数据结构。树是一种非线性的数据结构，它存储的是具有"一对多"关系的数据元素的集合，能很好地描述数据集合的分支和层次特性。在现实生活中，我们能经常看到树形结构的应用：

- 族谱，用树形结构记录了祖先到现在的每个人的信息；

- 社会组织结构，用树形结构记录了从国家到省、市、区（县）、街道（乡镇）各级之间的关系；

- 计算机领域，例如文件夹，树形结构记录了每个文件的存储路径。

4.1.1　树的定义

一棵树（Tree）是由 n（n ≥ 0）个结点组成的有限集合，其中：

（1）每个元素称为结点（Node）；

（2）有一个特定的结点被称为根结点或树根（Root）；

（3）除根结点之外的其余数据元素被分为 m（m ≥ 0）个互不相交的集合 T_1，T_2，……T_{m-1}，其中每一个子集合 T_i（1 ≤ i ≤ m）本身也是一棵树，这些子集合被称作原树的子树（Subtree）。

我们将上面的技能树转化一下，就是一个典型的树结构。

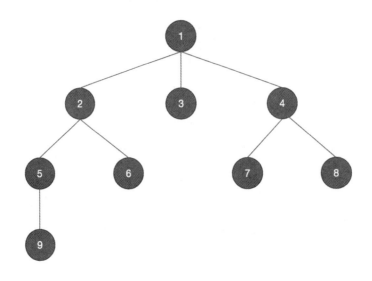

4.1.2 树的相关术语

结点：使用树结构存储的每一个数据元素都被称为"结点"。例图中，共有 9 个结点。

父、子结点：当前结点的上一级结点，称为这个结点的父结点；当前结点的下一级结点，称为这个结点的子结点；一个结点的父结点有且仅有一个（根结点除外），子结点可以有零或多个。例图中，结点 4 的父结点是 1，子结点是 7、8。

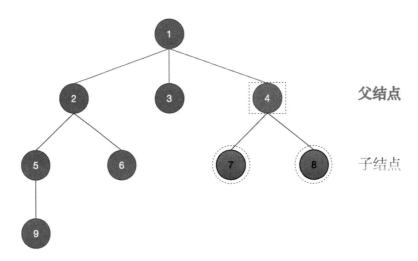

度（Degree）：一个结点的子结点的个数，称为这个结点的度。例图中，结点 1 的度为 3，结点 2、4 的度为 2，结点 5 的度为 1，结点 9 的度为 0；所有结点度中的最大值，称为这棵树的度，例图中树的度为 3。

　　根结点、叶子结点、分支结点：没有父结点的结点，称为这个树的根，一棵非空树有且仅有一个根结点；例图中，根结点为 1。没有子结点的结点，也即度为 0 的结点，称为叶子结点，例图中，叶子结点有 9、6、3、7、8。度非 0 的结点，称为分支结点，例图中，分支结点有 1、2、4、5。根结点可能是叶子结点，也可能分支结点，这取决于根结点的度。

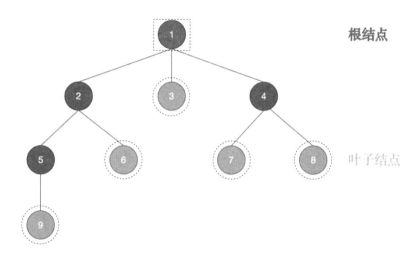

　　兄弟结点：具有相同父结点的结点，互称为兄弟结点。例图中，5、6 是兄弟结点，2、3、4 是兄弟结点。

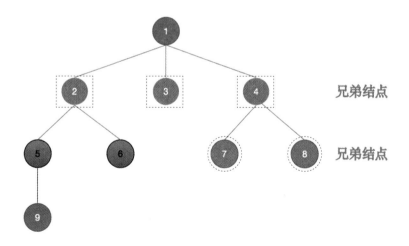

　　祖宗、子孙：从根到该结点所经分支上的所有结点，都称为该结点的祖先；例图中，结点 1、2、5 是结点 9 的祖先。以该结点为根，其子树下的所有结点都是该结点的子孙，例图中，结点 5、6、9 是结点 2 的子孙。

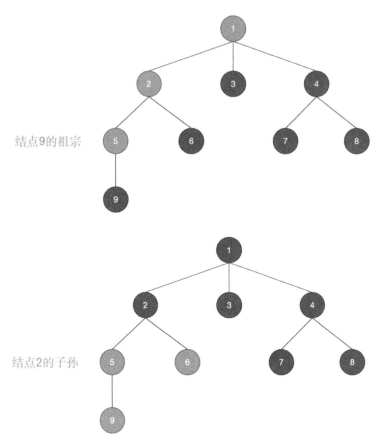

结点9的祖宗

结点2的子孙

层次（Level）：从根开始定义起，根结点的层次为1，其他结点的层次等于父结点层次加1。例图中，结点1层次为1，结点2、3、4层次为2，结点5、6、7、8层次为3，结点9层次为4。所有结点层次中的最大值，称为这棵树的深度或高度（Depth），例图中树的深度为4。

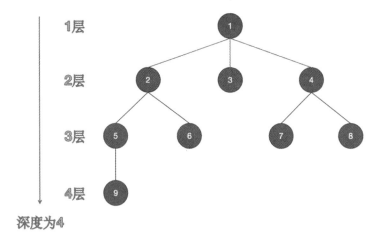

1层

2层

3层

4层

深度为4

森林（Forest）：由 m（m ≥ 0）棵互不相交的树组成的集合，称为森林。

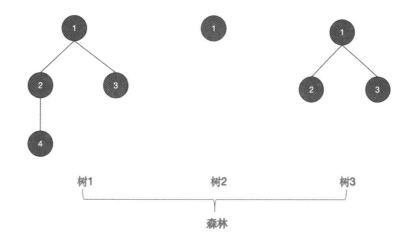

树1　　　　　　　　树2　　　　　　　　树3

森林

无序树、有序树：树中任意结点的子结点之间没有顺序关系，这种树称为无序树，也称为自由树；反之，树中任意结点的子结点之间有顺序关系，这种树称为有序树；一般没有特殊规定，我们认为树都是有序树，且子结点的顺序为从左向右看。

4.2 二叉树

二叉树（Binary Tree，简称 BT）是一种特殊的树形结构，顾名思义，它是一种分叉最多只有两个的树。满足下列两个条件的树即为二叉树：

第一，树本身是有序树；

第二，每个结点最多有两个子结点，即树的度≤ 2。

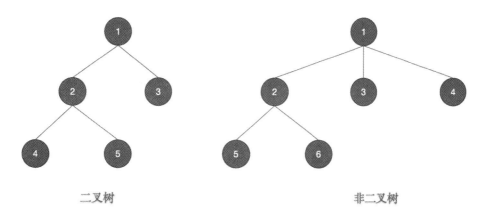

二叉树　　　　　　　　　　　　　　非二叉树

二叉树每个结点的子结点分别称为左孩子、右孩子，子结点对应的子树分别称为左子树、右子树。逻辑上二叉树有下列五种基本形态。

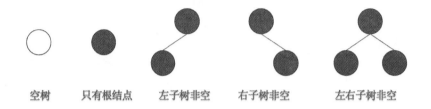

空树　　　　只有根结点　　　左子树非空　　　右子树非空　　　　左右子树非空

4.2.1　二叉树性质

【性质 1】二叉树中，第 i 层最多有 2^{i-1} 个结点。

证明：第 1 层为根结点，最多有 $2^0=1$ 个；假设在第 i-2 层时命题成立，即 i-1 层最多有 2^{i-2} 个结点；由于二叉树每个结点的度最多为 2，那么第 i 层结点个数最多是第 i-1 层的 2 倍，即 $2^{i-2}*2=2^{i-1}$ 个结点。（此方法为归纳法，大家了解即可）

【性质 2】如果二叉树的深度为 k，那么此二叉树最多有 $2^{k}-1$ 个结点。

证明：利用性质 1，我们将每层结点数相加，即为深度为 k 的二叉树最多结点数（等比数列求和）：

$$2^0+2^1+2^2+\cdots\cdots+2^{k-1}=2^k-1$$

【性质 3】对任意一棵二叉树，如果叶结点数为 n_0，度为 2 的结点数为 n_2，则一定满足：$n_0=n_2+1$。

证明：

（1）由于二叉树的结点的度只有 0、1、2，所以总结点数为 $n=n_0+n_1+n_2$；（度为 1 的结点设为 n_1）

（2）度为 1 的结点有一个子结点，度为 2 的结点有两个子结点，所以二叉树子结点总数是：n_1+2*n_2，树中只有根结点不是子结点，所以总结点数为 $n=n_1+2*n_2+1$；

（3）由（1）、（2）得出：

$$n_0+n_1+n_2=n_1+2*n_2+1 \quad \rightarrow \quad n_0=n_2+1$$

4.2.2　特殊的二叉树

1. 满二叉树

一个二叉树，如果每一个层的结点数都达到最大值，则这个二叉树就是满二叉树。顾名思义，当二叉树结点都"满"的时候，就是一棵满二叉树。

从图形上看，满二叉树的外观上是一个三角形。

从数学上来看，满二叉树除了满足普通二叉树的性质，还具有以下性质：

● 满二叉树中第 i 层的结点数为 2^{n-1} 个；

● 深度为 k 的满二叉树必有 2^k-1 个结点，叶子数为 2^{k-1}；

● 满二叉树中不存在度为 1 的结点，每一个分支点中都两棵深度相同的子树，且叶子结点都在最底层；

● 具有 n 个结点的满二叉树的深度为 $\log_2(n+1)$。

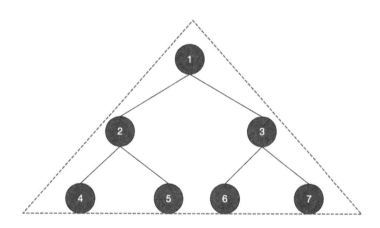

2. 完全二叉树

完全二叉树是由满二叉树引出来的。如果二叉树中除去最后一层结点为满二叉树，且最后一层的结点依次从左到右分布，则此二叉树被称为完全二叉树。即：完全二叉树的结点编号"完全"按照满二叉树的结点一一对应。

从图形上来看，除去最后一层完全二叉树的外观上是一个三角形；整棵树的外观是一个缺失右下角的三角形。

下面这棵是完全二叉树：

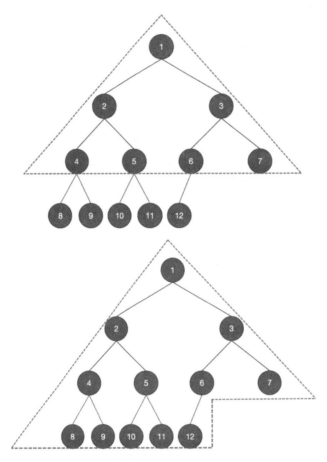

下面这棵不是完全二叉树，当结点 12 为结点 6 的左儿子时，才是完全二叉树：

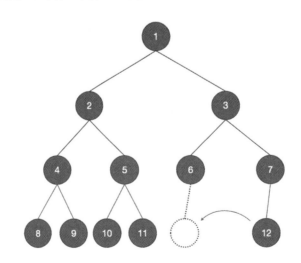

4.2.3　二叉树的遍历

二叉树是一种有序树，有序树的结点之间具有一定的顺序关系，那这些顺序关系是怎么样的？这就是二叉树的遍历问题，所谓的二叉树遍历是按照一定的规律和次序访问二叉树中的各个结点。有序树的顺序是从左到右看，一般来说，遍历方法分为三种：先序遍历、中序遍历、后序遍历，这里的"先""中""后"指的是根的访问顺序。

对于如下二叉树：1 为根结点，2 为左结点、3 为右结点。

先序遍历：先根结点，再左结点，最后右结点。巧记：根左右。遍历结果为：123。

中序遍历：先左结点，再根结点，最后右结点。巧记：左根右。遍历结果为：213。

后序遍历：先左结点，再右结点，最后根结点。巧记：左右根。遍历结果为：231。

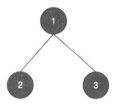

1．先序遍历

先序遍历也称为先根遍历、前序遍历，首先访问根结点，然后遍历左子树，最后遍历右子树。在遍历左、右子树时，仍然先访问根结点，然后遍历左子树，最后遍历右子树，如果二叉树为空则返回。

例如下面这棵二叉树，先序遍历结果为：ABDGEHICFJ。

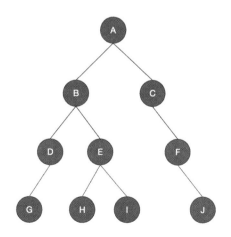

采用先序遍历的思想遍历该二叉树的过程为：

第1步 先访问根结点 A (顺序：A)。

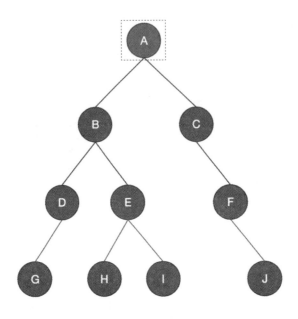

第2步 再访问 A 的左子树，根结点为 B (顺序：AB)。

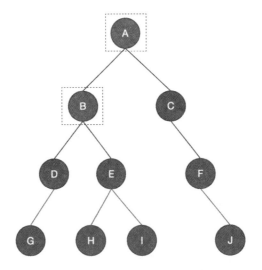

第3步 访问 B 结点的左子树，根结点为 D (顺序：ABD)。

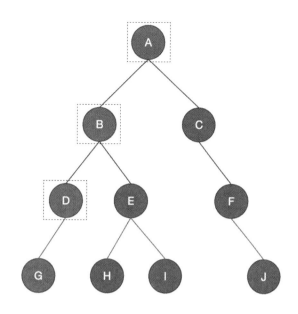

第4步　访问 D 结点的左子树，根结点为 G (顺序：ABDG)。

第5步　G 没有左右子树，返回到父结点 D。

第6步　D 没有右子树，返回到父结点 B。

第7步　此时 B 结点左子树访问完毕，接着访问 B 结点的右子树，根结点为 E (顺序：ABDGE)。

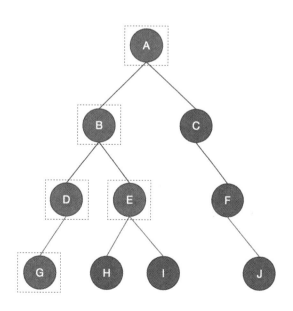

第8步 访问 E 结点的左子树，根结点为 H（顺序：ABDGEH）。

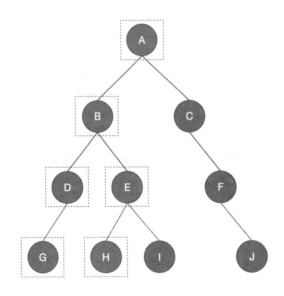

第9步 H 没有左右子树，返回到父结点 E。

第10步 访问 E 结点的右子树，根结点为 I（顺序：ABDGEHI）。

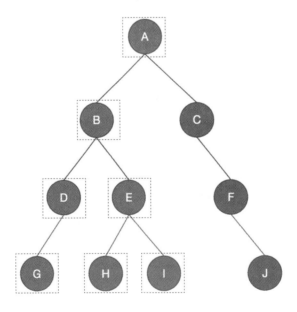

第11步 I 结点没有左右子树，返回父结点 E。

第12步 E 结点访问完毕，返回父结点 B。

第13步　B 结点访问完毕，返回父结点 A。

第14步　此时 A 结点左子树访问完毕，接着访问 A 结点的右子树，根结点为 C（顺序：ABDGEHIC）。

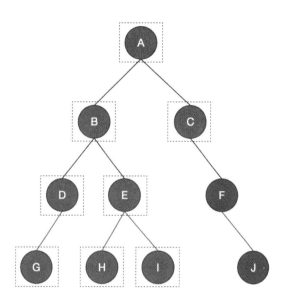

第15步　C 结点没有左孩子，接着访问 C 结点右孩子，根结点为 F（顺序：ABDGEHICF）。

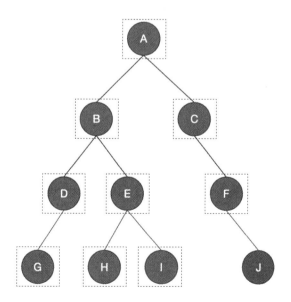

第16步 F 结点没有左孩子，接着访问 F 结点右孩子，根结点为 J（顺序：ABDGEHICFJ）。

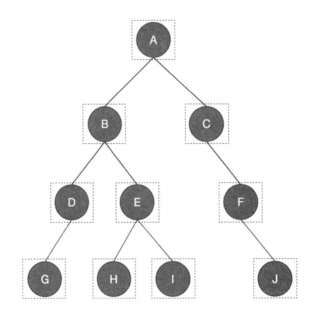

第17步 J 结点没有左右子树，返回父结点 F。

第18步 F 结点访问完毕，返回父结点 C。

第19步 C 结点访问完毕，返回父结点 A。

第20步 A 结点返回完毕，遍历结束。

2. 中序遍历

中序遍历也称为中根遍历，首先访问遍历左子树，然后访问根结点，最后遍历右子树。在遍历左、右子树时，仍然先遍历左子树，然后访问根结点，最后遍历右子树，如果二叉树为空则返回。

上例图中二叉树，中序遍历结果为：**GDBHEIACFJ**。

采用中序遍历的思想遍历该二叉树的过程为：

第1步 先找到根结点 A，其左子树的根结点为 B。

第2步 B 结点其左子树的根结点为 D。

第3步 D 结点其左子树的根结点为 G。

第 4 步 G 结点没有左子树，访问 G 结点 (顺序：G)。

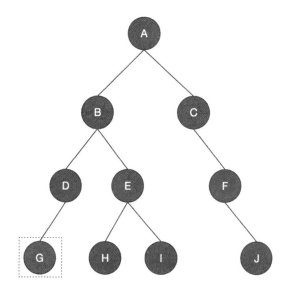

第 5 步 G 结点没有右子树，G 结点访问完毕，返回父结点 D。

第 6 步 此时 D 结点左子树访问完毕，然后访问 D 结点 (顺序：GD)。

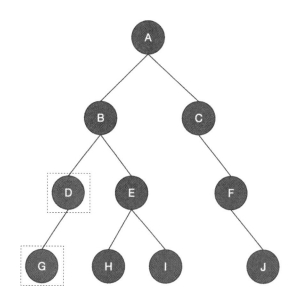

第 7 步 D 结点没有右子树，D 结点访问完毕，返回父结点 B。

第 8 步 此时 B 结点左子树访问完毕，然后访问 B 结点 (顺序：GDB)。

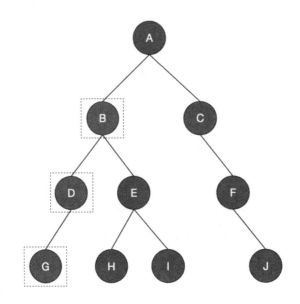

第 9 步 找到 B 结点右子树，其根结点为 E。

第 10 步 E 结点其左子树的根结点为 H。

第 11 步 H 结点没有左子树，访问 H 结点 (顺序：GDBH)。

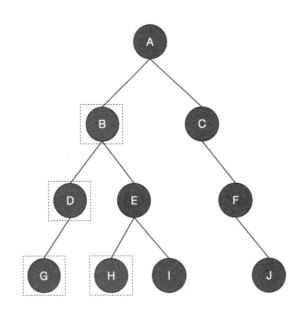

第 12 步 H 结点没有右子树，返回父结点 E。

第 13 步 此时 E 结点左子树访问完毕，然后访问 E 结点 (顺序：GDBHE)。

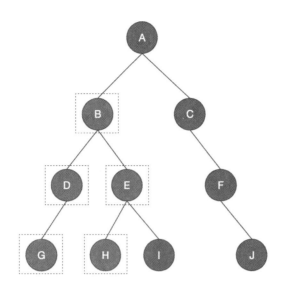

第 14 步 找到 E 结点右子树，其根结点为 I。

第 15 步 I 结点没有左子树，访问 I 结点 (顺序：GDBHEI)。

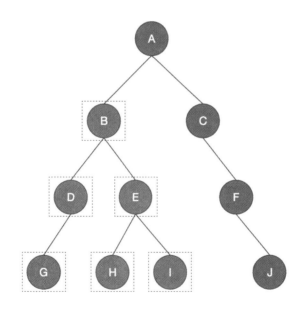

第 16 步 I 结点没有右子树，返回父结点 E。

第 17 步 E 结点访问完毕，返回父结点 B。

第 18 步 B 结点访问完毕，返回父结点 A。

第19步 此时 A 结点左子树访问完毕，然后访问 A 结点 (顺序：GDBHEIA)。

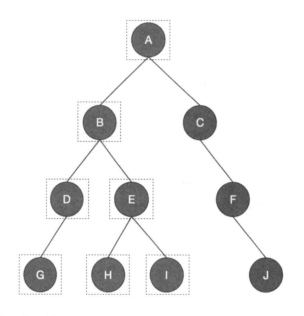

第20步 找到 A 结点右子树，其根结点为 C。

第21步 C 结点没有左子树，访问 C 结点 (顺序：GDBHEIAC)。

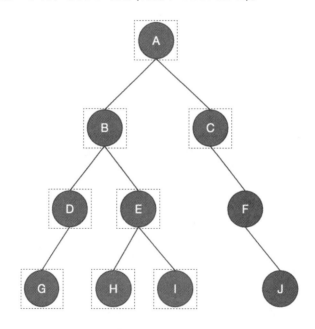

第22步 找到 C 结点右子树，其根结点为 F。

第23步 F 结点没有左子树，访问 F 结点（顺序：GDBHEIACF）。

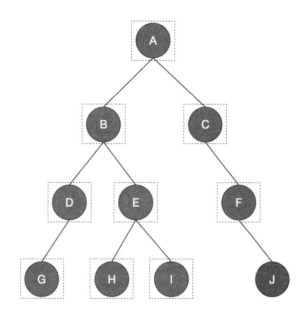

第24步 找到 F 结点右子树，其根结点为 J。

第25步 J 结点没有左子树，访问 J 结点（顺序：GDBHEIACFJ）。

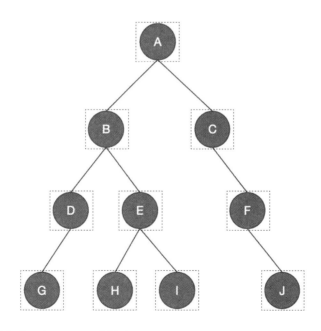

第26步 J 结点没有右子树，返回父结点 F。

第27步 F 结点访问完毕，返回父结点 C。

第28步 C 结点访问完毕，返回父结点 A。

第29步 A 结点返回完毕，遍历结束 (顺序：GDBHEIACFJ)。

3. 后序遍历

后序遍历也称为后根遍历，首先访问遍历左子树，然后遍历右子树，最后访问根结点。在遍历左、右子树时，仍然先遍历左子树，然后遍历右子树，最后访问根结点，如果二叉树为空则返回。

上例图中二叉树，后序遍历结果为：**GDHIEBJFCA**。

采用后序遍历的思想遍历该二叉树的过程为：

第1步 先找到根结点 A，其左子树的根结点为 B。

第2步 B 结点其左子树的根结点为 D。

第3步 D 结点其左子树的根结点为 G。

第4步 G 结点没有左右子树，访问 G 结点 (顺序：G)。

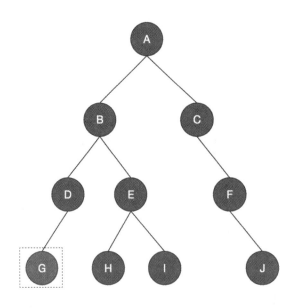

第5步 G 结点访问完毕，返回父结点 D。

第6步 D 结点没有右子树，访问 D 结点 (顺序：GD)。

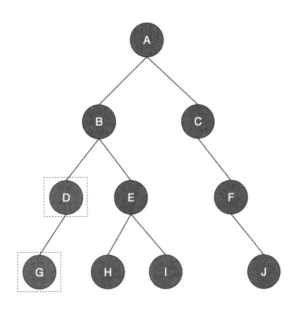

第 7 步 D 结点访问结束，返回父结点 B。

第 8 步 此时 B 结点左子树返回完毕，找结点 B 的右子树，其根结点为 E。

第 9 步 找结点 E 的左子树，其根结点为 H。

第 10 步 H 结点没有左右子树，访问 H 结点 (顺序：GDH)。

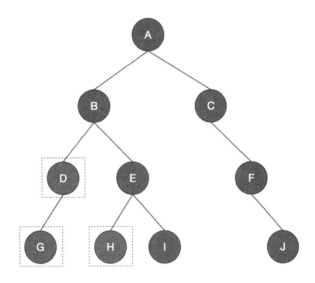

第 11 步 H 结点访问结束，返回父结点 E。

第 12 步 此时 E 结点左子树返回完毕，找结点 E 的右子树，其根结点为 I。

第13步 I 结点没有左右子树，访问 I 结点（顺序：GDHI）。

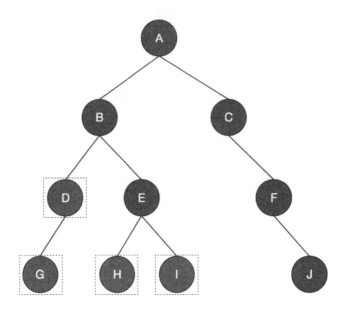

第14步 I 结点访问结束，返回父结点 E。

第15步 此时 E 结点左右子树返回完毕，访问 E 结点（顺序：GDHIE）。

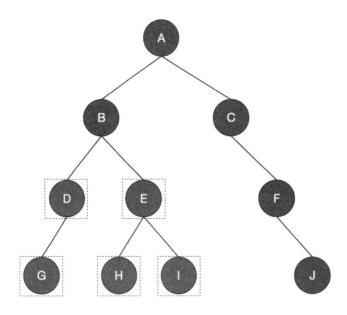

第16步 E 结点访问结束，返回父结点 B。

第17步 此时 B 结点左右子树返回完毕，访问 B 结点（顺序：GDHIEB）。

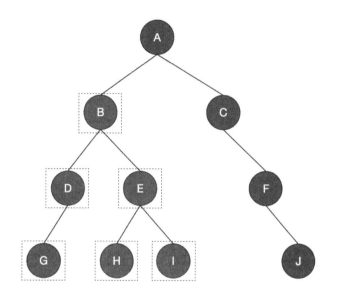

第18步　B 结点访问结束，返回父结点 A。

第19步　此时 A 结点左子树返回完毕，找结点 A 的右子树，其根结点为 C。

第20步　C 结点没有左子树；找结点 C 的右子树，其根结点为 F。

第21步　F 结点没有左子树；找结点 F 的右子树，其根结点为 J。

第22步　J 结点没有左右子树，访问 J 结点 (顺序：GDHIEBJ)。

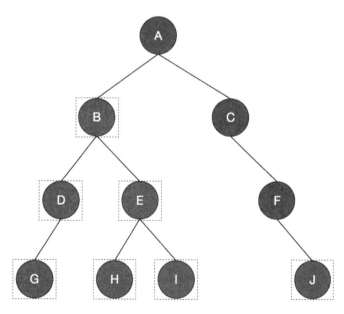

第23步 J 结点访问结束，返回父结点 F。

第24步 此时 F 结点左右子树返回完毕，访问 F 结点（顺序：GDHIEBJF）。

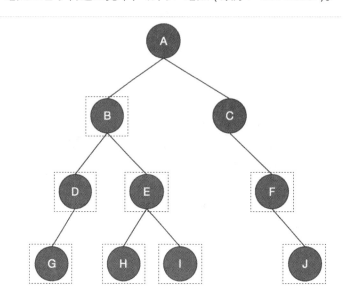

第25步 F 结点访问结束，返回父结点 C。

第26步 此时 C 结点左右子树返回完毕，访问 C 结点（顺序：GDHIEBJFC）。

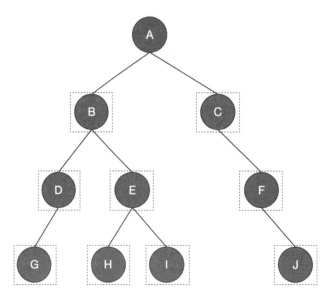

第27步 C 结点访问结束，返回父结点 A。

第28步 此时 A 结点左右子树返回完毕，访问 A 结点（顺序：GDHIEBJFCA）。

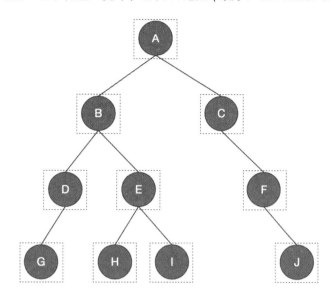

A 结点返回完毕，遍历结束（顺序：**GDHIEBJFCA**）。

综上，我们介绍完了二叉树的先序遍历、中序遍历和后序遍历；其具体的算法实现，我们不在这里做进一步的延伸，遍历算法可以运用递归方式和非递归方式（栈的数据结构）来实现，大家可以试着自行编写代码实现。

4．层次遍历

先序、中序和后序遍历算法可以通过栈实现。我们再引进另外一种通过队列的数据结构来实现的遍历方式：层次遍历。

层次遍历的思想非常简单，顾名思义，层次遍历是按层次优先级访问，先访问第 1 层，再访问第 2 层……最后访问第 N 层，每一层访问顺序都从左向右。

其队列算法的实现核心是：从树的根结点开始，依次将其左孩子和右孩子入队。而后每次队列中一个结点出队，都将其左孩子和右孩子入队，直到树中所有结点都出队，出队结点的先后顺序就是层次遍历的最终结果。

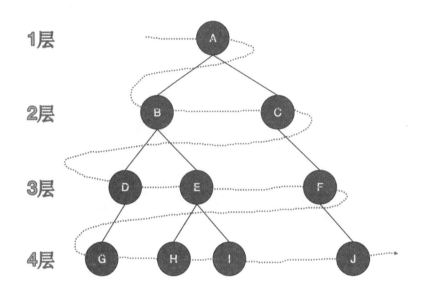

上例图中二叉树，层次遍历结果为：ABCDEFGHIJ。

采用层次遍历的思想遍历该二叉树的过程为：

第1步 根结点 A 入队（队列：A）。

第2步 根结点 A 出队（出队顺序：A）。

第3步 A 出队的同时，将左孩子 B 和右孩子 C 分别入队（队列：BC）。

第4步 B 结点出队（出队顺序：AB）。

第5步 B 出队的同时，将左孩子 D 和右孩子 E 分别入队（队列：CDE）。

第6步 C 结点出队（出队顺序：ABC）。

第7步 C 出队的同时，将右孩子 F 分别入队（队列：DEF）。

第8步 D 结点出队（出队顺序：ABCD）。

第9步 D 出队的同时，将右孩子 G 入队（队列：EFG）。

第10步 E 结点出队（出队顺序：ABCDE）。

第11步 E 出队的同时，将左孩子 H 和右孩子 I 分别入队（队列：FGHI）。

第12步 F 结点出队（出队顺序：ABCDEF）。

第 13 步　F 出队的同时，将右孩子 J 入队（队列：GHIJ）。

第 14 步　G 结点出队，G 结点没有左右孩子（出队顺序：ABCDEFG）（队列：HIJ）。

第 15 步　H 结点出队，H 结点没有左右孩子（出队顺序：ABCDEFGH）（队列：IJ）。

第 16 步　I 结点出队，I 结点没有左右孩子（出队顺序：ABCDEFGHI）（队列：J）。

第 17 步　J 结点出队，J 结点没有左右孩子（出队顺序：ABCDEFGHIJ）（队列：　）。

第 18 步　队列为空，遍历完毕，顺序为：ABCDEFGHIJ。

4.2.4　二叉树的存储结构

二叉树的存储结构主要有两种，分别为顺序存储和链式存储。

1. 链式存储

链式存储使用链表存储，可以适用于任意一棵二叉树的存储，其数据结构如下：

```
typedef struct node;
typedef node * tree;
struct node{
    char data;  // 数据域
    tree lchild, rchild;  // 左右孩子指针
};
tree bt;
```

存储结构如下：

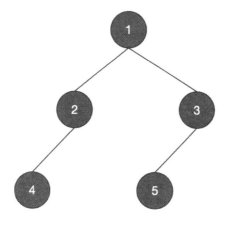

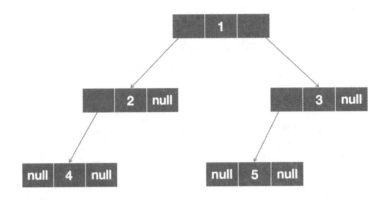

2. 顺序存储

顺序存储指的是使用顺序表（数组）方式存储二叉树，但需要注意的是，顺序存储只适用于完全二叉树。

大家观察一下下面的这棵完全二叉树，我们按层次遍历顺序标记每个结点后，每个结点与其父结点、子结点之间有什么关系？

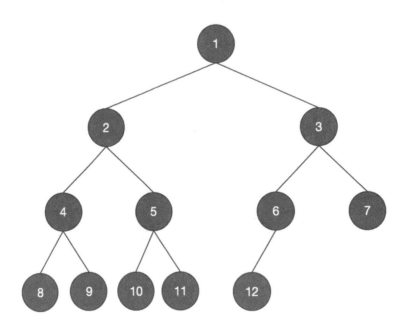

很容易发现：对于任意一个完全二叉树来说，如果将含有的结点按照层次遍历顺序依次标号，对于任意一个结点 i，完全二叉树还有以下三个结论成立。

（1）当 i>1 时，父结点为结点 [i/2]（i=1 时，表示的是根结点，无父结点）。

（2）如果 2*i>n（n 为总结点的个数），则结点 i 肯定没有左孩子（为叶子结点）；如果 2*i <=n，则其左孩子是结点 2*i。

（3）如果 2*i+1>n，则结点 i 肯定没有右孩子；如果 2*i+1<=n，则其右孩子是结点 2*i+1。

所以我们可将完全二叉树的结点按照层次遍历顺序存储到数组中：

[0, 1, 2, 3, 4 , 5, 6, 7, 8, 9,11, 12]

就是这么简单！除了一个简单的一维数组以外，不需要任何额外的空间。对应数组中的任意一个数，我们可以用上述三个结论推导出其父结点、左孩子和右孩子。

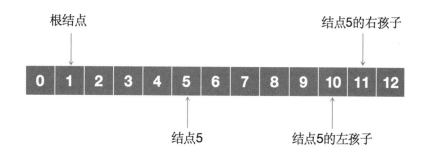

4.3　堆

堆（Heap）是计算机科学中一类特殊的数据结构的统称。堆通常是一个可以被看作一棵完全二叉树的数组对象，即是我们上一节学到的二叉树的顺序存储。与普通的完全二叉树不同的是，堆是"错中有序"的，它具有如下两点重要性质：

● 堆总是一棵完全二叉树；

● 堆中每个结点的值总是不大于或不小于其子结点的值。

4.3.1　大根堆与小根堆

根结点是最大的且每个结点的子树中的结点值都小于或等于该结点的堆，我们称为

"大根堆""大顶堆"或"最大堆"，即对于除根外的任意结点 i 满足：array[parent(i)] >= array[i]。

下面的例图为"大根堆"，我们可以发现，树中的任意一个子树都满足"大根堆"性质：

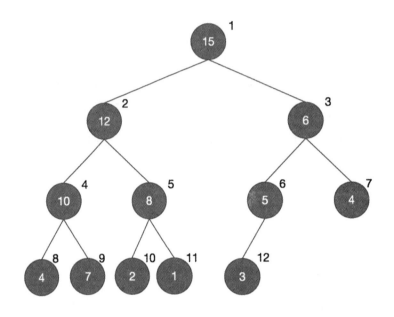

其数组方式存储为：

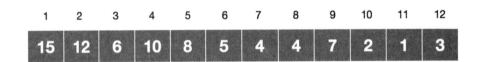

根结点是最小的，且每个结点的子树中的结点值都大于或等于该结点的堆，我们称为"小根堆""小顶堆"或"最小堆"，即对于除根外的任意结点 i 满足：array[parent(i)] <= array[i]。

下面的例图为"小根堆"，我们可以发现，树中的任意一个子树，都满足"小根堆"性质：

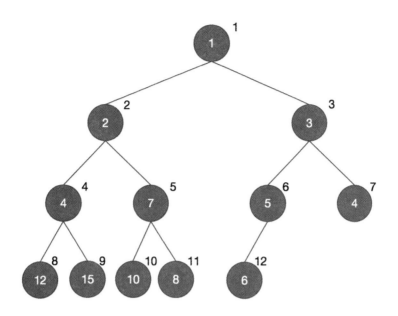

其数组方式存储为：

4.3.2 堆的操作

堆的关键操作有两个：put 操作，即在堆中加入一个元素；get 操作，即在堆中取出并删除一个堆顶元素。

1．put 操作

在堆尾加入一个元素，我们知道堆是"有序的"，插入元素后，还必须保证它仍然是一个堆，具体操作如下。

（1）在堆尾加入一个元素，指针指向当前结点。

（2）比较当前结点与其父结点的值，如果不满足当前堆的性质，当前结点比它的父结点大（大根堆）或者小（小根堆），则交换它们的值，同时指针指向父结点。

（3）继续（2）操作，如果满足堆的性质或无父结点则结束，"堆化"完成。

例如：原始堆为大根堆，堆数组为：[15,12,6,4,7]，put 一个元素：18。

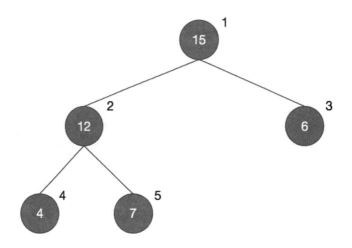

第 1 步 在堆尾插入元素 18。当前堆数组为：[15,12,6,4,7,18]，指针 i=6。

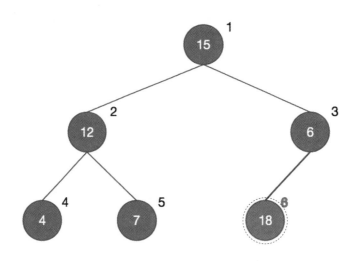

第 2 步 当前结点 6 的父结点为 3，a[3]<a[6]，不满足当前大根堆性质，交换它们的值。当前堆数组为：[15,12,18,4,7,6]，指针 i=3。

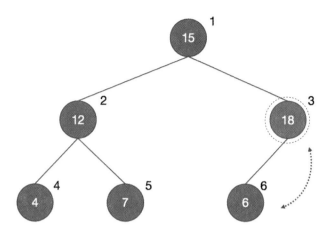

第 3 步　当前结点 3 的父结点为 1，a[1]<a[3]，不满足当前大根堆性质，交换它们的值。当前堆数组为：[18,12,15,4,7,6]，指针 i=1。

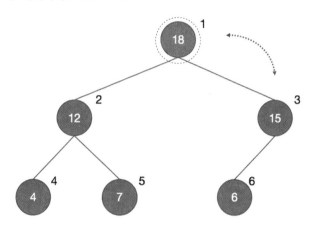

第 4 步　当前结点 1 为根结点，无父结点，"堆化"完成。

最后，我们得到一棵新树：[18,12,15,4,7,6]，现在它的每个结点仍然比子树结点大，还是一个大根堆。

【代码实现】

```
int a[100];  // 堆数组
Int heap_size;  // 堆大小
void put(int x)
{
    heap_size++;  // 堆尾 +1
    a[heap_size] = x;  // 在堆尾插入 x
    int i=heap_size;  // 当前指针指向堆尾
    int parent_i;  // 父结点指针
    // 不断堆化, 直到指针指向根结点
    while ( i>1 )
```

```
{
    parent_i = i/2;   // 父结点指针
    if (a[i]<=a[parent_i]) return;   // 如果满足大根堆性质，则退出
    int tepm = a[i];   // 交换父结点与当前结点值
a[i] = a[parent_i];
a[parent_i] = tepm;
    i=parent_i;   // 当前指针指向父结点
}
}
```

2. get 操作

堆有大根堆和小根堆之分，堆中间部分的元素和堆尾元素没有固定特征，但是堆顶元素（根结点）却有明显特征：在大根堆中，堆顶元素是堆中最大的元素；在小根堆中，堆顶元素是堆中最小的元素。所以我们每次取堆元素时，一般都取堆顶元素，然后对树重新"堆化"，具体操作如下。

（1）取出堆顶元素，即根结点的值。

（2）将堆尾元素（即最后一个结点的值）放到堆顶位置，然后删掉堆尾元素，堆长度减一，指针指向根结点。

（3）比较当前结点与子结点的值（一个或两个子结点），如果不满足堆性质，它的子结点比当前结点大（大根堆）或者小（小根堆），取子结点中最大（大根堆）或者最小（小根堆）的那个，与当前结点交换，同时指针指向交换的子结点。

（4）继续（3）操作，如果满足堆性质或无子结点则结束，"堆化"完成。

例如：原始堆为大根堆，堆数组为：[15,12,6,10,8,5,4]，get 堆顶元素。

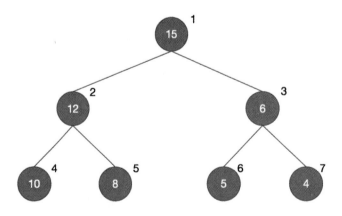

第 1 步 取出堆顶元素 a[1]，即 15。

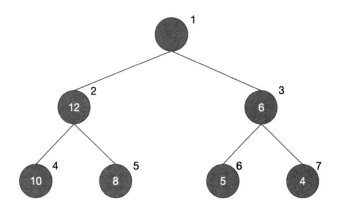

第2步 将堆尾元素 a[7]=4，放到堆顶：a[1]=4，堆长度 −1。当前堆数组为：[4,12,6,10,8,5]，指针 i=1。

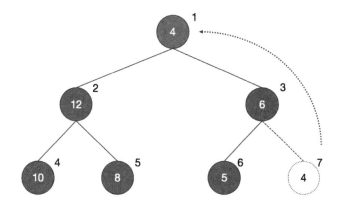

第3步 当前结点 1 的子结点为 2、3，a[2]>a[3]>a[1]，取子结点中最大的一个结点 2，与当前结点交换。当前堆数组为：[12,4,6,10,8,5]，指针指向 i=2。

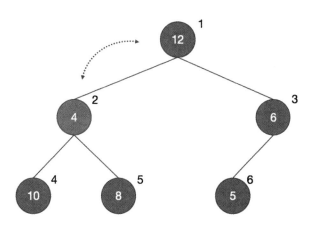

第4步 当前结点 2 的子结点为 4、5，a[4]>a[5]>a[2]，取子结点中最大的一个结点 4，与当前结点交换。当前堆数组为：[12,10,6,4,8,5]，指针指向 i=4。

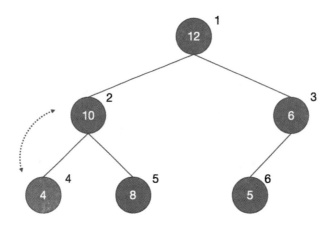

第5步 当前结点 4 为叶子结点，无子结点，"堆化"完成。

此时，我们取出并删除了堆中最大元素 15，同时我们得到一棵新树：[12,10,6,4,8,5]，现在它的每个结点仍然比子树结点大，还是一个大根堆。

【代码实现】

```
int a[100];  // 堆数组
Int heap_size;  // 堆大小
// get 操作函数
int get()
{
    int top = a[1];  // 获取堆顶元素
    a[1] = a[heap_size];  // 将堆尾元素放到堆顶
    heap_size--;  // 堆大小 -1
    int i = 1;  // 当前指针指向堆顶
    int son_i;  // 孩子结点指针
    // 不断堆化，直到无子结点为止
    while ( i*2 <= heap_size )
    {
        son_i = i*2;  // 孩子结点指针先指向左孩子
        // 如果有右孩子，且右孩子比左孩子要大，指针指向右孩子
        if (son_i < heap_size && a[son_i+1] > a[son_i])
            son_i++ ;  // 此时，son_i 指向左右孩子结点中更大的那个
        if (a[i]>=a[son_i]) break;  // 如果当前结点比左右孩子都大，满足堆性质，则退出
        int tepm = a[i];  // 交换孩子结点与当前结点值
a[i] = a[son_i];
a[son_i] = tepm;
        i=son_i;  // 当前指针指向孩子结点
    }
    return top;  // 堆化完成，返回堆顶元素
}
```

还记得我们上一章学到的最大值优先队列和最小值优先队列吗？在最大值优先队列中，每次出队的都是队列中的最大值；最小值优先队列中，每次出队的都是队列中的最小值。

大家是不是想到了什么？

Bingo！

最大值优先队列和最小值优先队列的原理就是大根堆和小根堆，每次出队的都是堆顶的元素。

上一章小明要合并六颗宝石，重量分别是 [3,9,12,1,20,10]（如果不记得题目可以往前翻一翻），这里我们再用小根堆算法实现一次宝石合并。

合并思路：

（1）建立小根堆结构；

（2）利用两次 get() 取出堆顶元素；

（3）将两次取出的堆顶元素相加，再利用 put() 加入堆中；

（4）循环 n-1 次，直到堆中只剩一个元素。

具体步骤如下：

第 1 步　建立小根堆，在堆尾插入一个元素 3，此时只有一个根结点，满足小根堆性质，无须操作。当前堆数组为：[3]。

第 2 步　在堆尾插入一个元素 9，满足小根堆性质，无须操作。当前堆数组为：[3,9]。

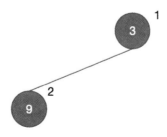

第 3 步　在堆尾插入一个元素 12，满足小根堆性质，无须操作。当前堆数组为：[3,9,12]。

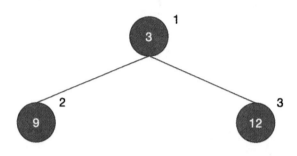

第4步 在堆尾插入一个元素 1，此时破坏了小根堆性质，需要进行"堆化"处理，当前指针 i=4。

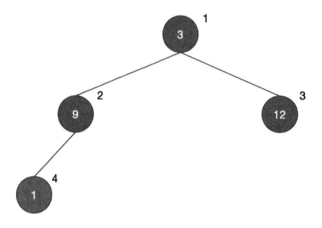

第5步 当前结点值 1 小于父结点值 9，与父结点交换值，当前指针 i=2。

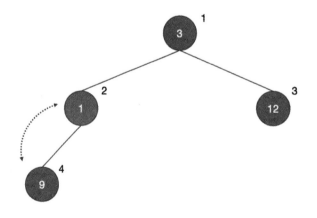

第6步 当前结点值 1 小于父结点值 3，与父结点交换值；当前指针 i=1，结点 1 无父结点，堆化完成。当前堆数组为：[1,3,12,9]。

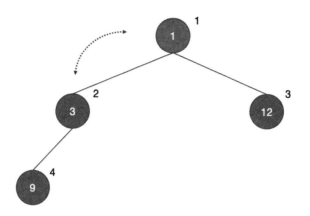

第 7 步　在堆尾插入一个元素 20，满足小根堆性质，无须操作。当前堆数组为：[1,3,12,9,20]。

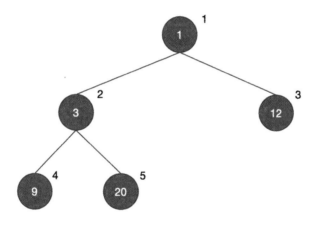

第 8 步　在堆尾插入一个元素 10，此时破坏了小根堆性质，需要进行"堆化"处理，当前
指针 i=6。

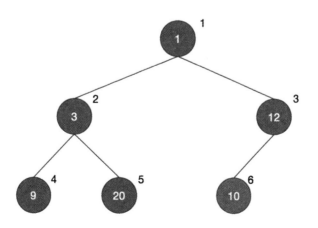

第9步 当前结点值 10 小于父结点值 12，与父结点交换值，当前指针 i=3。

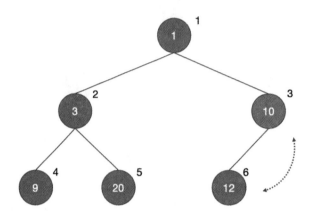

第10步 当前结点值 10 不小于父结点值 1，堆尾完成。当前堆数组为：[1,3,10,9,20,12]。

第11步 此时 6 个元素都插入完毕，小根堆建造完成。

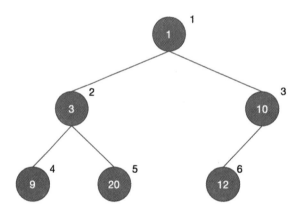

第12步 开始合并宝石。进行一次 get() 操作，先取出一个堆顶元素 x=1。

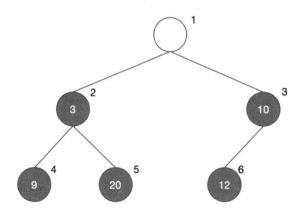

第 13 步 将堆尾元素 a[6]=12，放到堆顶：a[1]=12，堆长度 −1。当前堆数组为：[12,3,10,9,20]，指针 i=1。

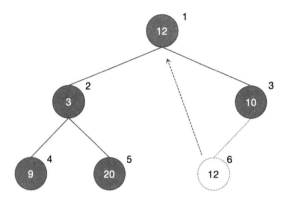

第 14 步 此时破坏了小根堆性质，向下进行堆化处理。当前结点 1 的子结点为 2、3，a[2]<a[3]<a[1]，取子结点中最小的一个结点 2，与当前结点交换。当前堆数组为：[3,12,10,9,20]，指针指向 i=2。

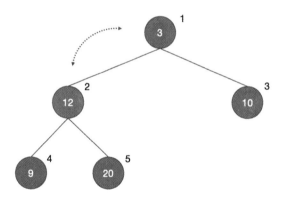

第 15 步 当前结点 2 的子结点为 4、35，a[4]<a[2]<a[5]，取子结点中最小的一个结点 4，与当前结点交换。当前堆数组为：[3,9,10,12,20]，指针指向 i=4。

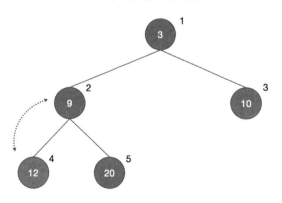

第 16 步 当前结点 4 为叶子结点，无子结点，"堆化"完成。当前堆数组为：[3,9,10,12,20]。

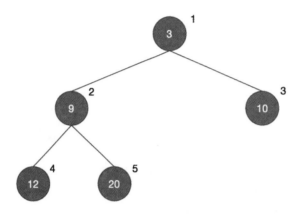

第 17 步 再进行一次 get() 操作，取出一个堆顶元素 y=3。

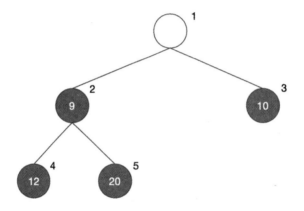

第 18 步 将堆尾元素 a[5]=20，放到堆顶：a[1]=20，堆长度 −1。当前堆数组为：[20,9,10,12]，指针 i=1。

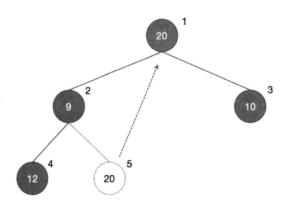

第 19 步　此时破坏了小根堆性质，向下进行堆化处理。当前结点 1 的子结点为 2、3，a[2]<a[3]<a[1]，取子结点中最小的一个结点 2，与当前结点交换。当前堆数组为：[9,20,10,12]，指针指向 i=2。

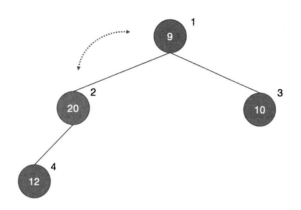

第 20 步　当前结点 2 的子结点为 4，a[4]<a[2]，与当前结点交换。当前堆数组为：[9,12,10,20]，指针指向 i=4。

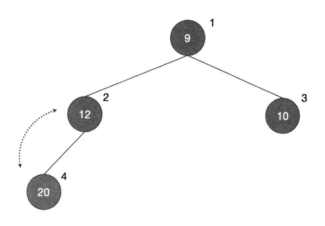

第 21 步　当前结点 4 为叶子结点，无子结点，"堆化"完成。当前堆数组为：[9,12,10,20]。

第 22 步　将两次取出的堆顶值相加，temp=x+y=1+3=4，并计入总消费 total=total+4=4。

第 23 步　将合并的值 tepm=4 进行 put() 操作，重新加入堆中。当前堆数组为：[9,12,10,20,4]，指针指向 i=5。

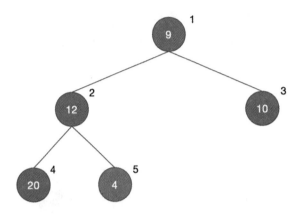

第24步 破坏小根堆，向上堆化。当前结点 5 的父结点为 2，a[5]<a[2]，不满足小根堆性质，交换它们的值。当前堆数组为：[9,4,10,20,12]，指针 i=2。

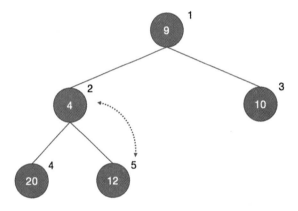

第25步 当前结点 2 的父结点为 1，a[2]<a[1]，不满足小根堆性质，交换它们的值。当前堆数组为：[4,9,10,20,12]，指针 i=1。

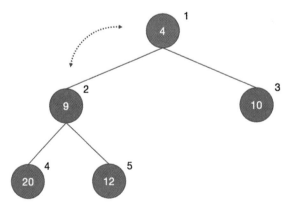

第26步 当前结点 1 为根结点，无父结点，"堆化"完成。当前堆数组为：[4,9,10,20,12]。

第27步 继续进行一次 get() 操作，先取出一个堆顶元素 x=4。

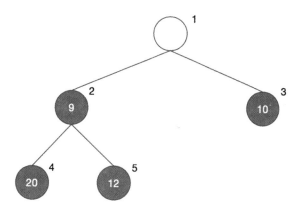

第28步 将堆尾元素 a[5]=12，放到堆顶：a[1]=12，堆长度 −1。当前堆数组为：[12,9,10,20]，指针 i=1。

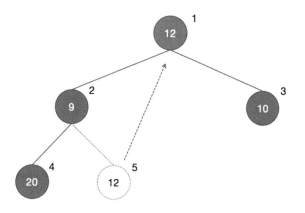

第29步 当前结点 1 的子结点为 2，a[2]<a[1]，不满足小根堆性质，交换它们的值。当前堆数组为：[9,12,10,20]，指针 i=2。

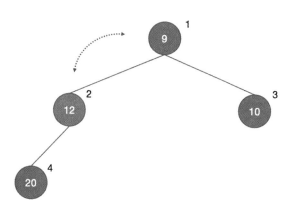

第30步 当前结点 2 的子结点为 4，a[4]>a[2]，满足小根堆性质，堆化完成。当前堆数组为：[9,12,10,20]。

第31步 进行一次 get() 操作，先取出一个堆顶元素 y=9。

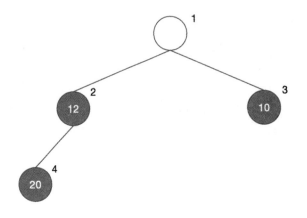

第32步 将堆尾元素 a[4]=20，放到堆顶：a[1]=20，堆长度 −1。当前堆数组为：[20,12,10]，指针 i=1。

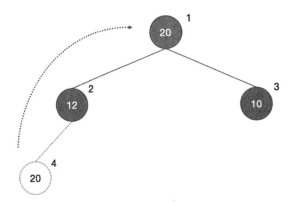

第33步 当前结点 1 的子结点为 2、3，a[3]<a[2]<a[1]，不满足小根堆性质，取子结点中最小的一个结点 3，与当前结点交换。当前堆数组为：[10,12,20]，指针指向 i=3。

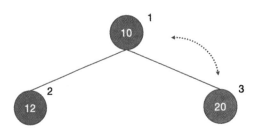

第34步 结点 3 无子结点，堆化完成。当前堆数组为：[10,12,20]。

第35步 将两次取出的堆顶值相加，temp=x+y=4+9=13，并计入总消费 total=total+13 =17。

第36步 将合并的值 tepm=13 进行 put() 操作，重新加入堆中。当前堆数组为：[10,12,20,13]，指针指向 i=4，满足小根堆性质，无效堆化处理。

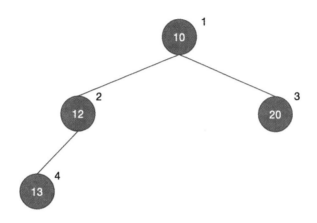

第37步 进行一次 get() 操作，先取出一个堆顶元素 x=10。

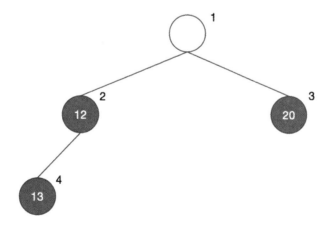

第38步 将堆尾元素 a[4]=13，放到堆顶：a[1]=13，堆长度 −1。当前堆数组为：[13,12,20]，指针 i=1。

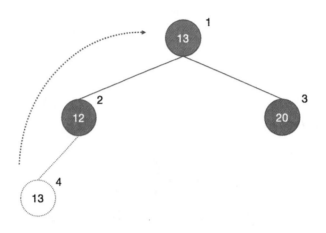

第 39 步 当前结点 1 的子结点为 2、3,a[2]<a[1]<a[3],不满足小根堆性质,取子结点中最小的一个结点 2,与当前结点交换。当前堆数组为:[12,13,20],指针指向 i=2。

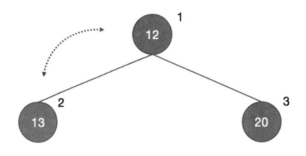

第 40 步 结点 2 无子结点,堆化完成。当前堆数组为:[12,13,20]。

第 41 步 再进行一次 get() 操作,先取出一个堆顶元素 y=10。

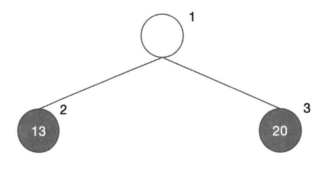

第 42 步 将堆尾元素 a[3]=20,放到堆顶:a[1]=20,堆长度 −1。当前堆数组为:[20,13],指针 i=1。

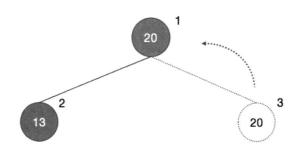

第 43 步 当前结点 1 的子结点为 2，a[2]<a[1]，不满足小根堆性质，取子结点中最小的一个结点 2，与当前结点交换，指针指向 i=2。

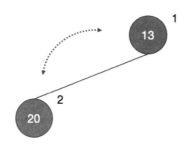

第 44 步 结点 2 无子结点，堆化完成。当前堆数组为：[13,20]。

第 45 步 将两次取出的堆顶值相加，temp=x+y=10+12=22，并计入总消费 total=total+22=39。

第 46 步 将合并的值 tepm=22 进行 put() 操作，重新加入堆中。当前堆数组为：[13,20,22]，指针指向 i=3，满足小根堆性质，无效堆化处理。

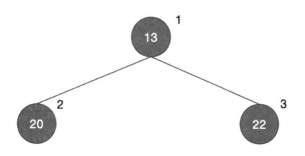

第 47 步 进行一次 get() 操作，先取出一个堆顶元素 x=13。

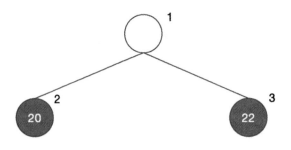

第 48 步 将堆尾元素 a[3]=22，放到堆顶：a[1]=22，堆长度 −1。当前堆数组为：[22,20]，指针 i=1。

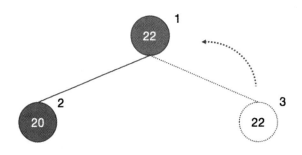

第 49 步 当前结点 1 的子结点为 2，a[2]<a[1]，不满足小根堆性质，取子结点中最小的一个结点 2，与当前结点交换。指针指向 i=2。

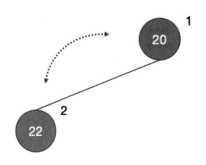

第 50 步 结点 2 无子结点，堆化完成。当前堆数组为：[20,22]。

第 51 步 进行一次 get() 操作，先取出一个堆顶元素 y=20。

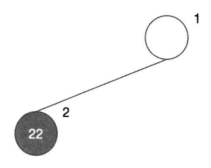

第 52 步　将堆尾元素 a[2]=22，放到堆顶：a[1]=22，堆长度 −1。当前堆数组为：[22]，指针 i=1；无须堆化。

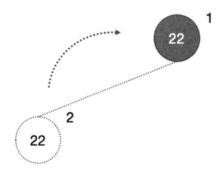

第 53 步　将两次取出的堆顶值相加，temp=x+y=13+20=33，并计入总消费 total=total+32=72。

第 54 步　将合并的值 tepm=33 进行 put() 操作，重新加入堆中。当前堆数组为：[22,33]，指针指向 i=2，满足小根堆性质，无须堆化。

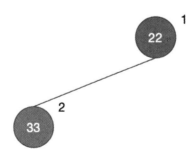

第 55 步　进行一次 get() 操作，先取出一个堆顶元素 x=22。

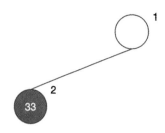

第56步 将堆尾元素 a[2]=33，放到堆顶：a[1]=33，堆长度 −1。当前堆数组为：[33]，指针 i=1；无须堆化。

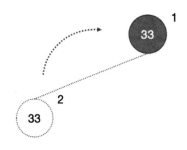

第57步 进行一次 get() 操作，先取出一个堆顶元素 y=33。

第58步 此时已经是一棵空树，无须处理。

第59步 将两次取出的堆顶值相加，temp=x+y=22+33=55，并计入总消费 total=total+55=127。

第60步 将合并的值 tepm=33 进行 put() 操作，重新加入堆中。当前堆数组为：[55]，指针指向 i=1，满足小根堆性质，无须堆化。

第61步 我们进行了 n−1 合并后，此时小根堆内只有一个元素，合并完成，总共消费了金币 total=127。

【代码实现】

```cpp
#include<cstdio>
#include<iostream>
using namespace std;
int a[100],heap_size,n;
// 交换函数
void swap(int &a, int &b)
{
    int t=a;
    a=b;
    b=t;
}
// put 操作函数
void put(int x)
{
    heap_size++;   // 堆大小 +1
    a[heap_size] = x;   // 在堆尾插入 x
    int i=heap_size;   // 当前指针指向堆尾
    int parent_i;   // 父结点指针
    // 不断堆化，直到指针指向根结点
    while ( i>1 )
    {
        parent_i = i/2;   // 父结点指针
        if (a[i]>=a[parent_i]) break;   // 如果满足小根堆性质，则退出
        swap(a[i],a[parent_i]);   // 交换父结点与当前结点值
        i=parent_i;   // 当前指针指向父结点
    }
}
// get 操作函数
int get()
{
    int top = a[1];   // 获取堆顶元素
    a[1] = a[heap_size];   // 将堆尾元素放到堆顶
    heap_size--;   // 堆大小 -1
    int i = 1;   // 当前指针指向堆顶
    int son_i;   // 孩子结点指针
    // 不断堆化，直到无子结点为止
    while ( i*2 <= heap_size )
    {
        son_i = i*2;   // 孩子结点指针先指向左孩子
        // 如果有右孩子,且右孩子比左孩子要大,指针指向右孩子
        if (son_i < heap_size && a[son_i+1] < a[son_i])
            son_i++ ;   // 此时, son_i 指向左右孩子结点中更小的那个
        if (a[i]<=a[son_i]) break; // 如果当前结点比左右孩子结点都大,满足小根堆性质,则
退出
        swap(a[i],a[son_i]);   // 交换父结点与当前结点值
        i=son_i;   // 当前指针指向孩子结点
    }
    return top;   // 堆化完成,返回堆顶元素
}

int main()
{
    int x,y;
    int total = 0;

    // 输入个数 n
```

```
    scanf("%d",&n);

    // 输入原始输出
    for (int i=1; i<=n; i++)
    {
        scanf("%d",&x);
        put(x);
    }
    heap_size = n;
    // 合并 n-1 次
    for (int i=1; i<n ; i++)
    {
        x = get();  // 取出一个堆中最小值
        y = get();  // 再取出一个堆中最小值
        total += x+y;
        put(x+y);   // 将合并后的值重新加入堆
    }

    printf("%d",total);
    return 0;
}
```

与上一章我们用优先队列实现的算法相比，在算法主题上是没有变化的，都是进行两次取出操作，合并后再放入，我们只是用堆算法实现取出操作、放入操作。当然我们之前说过，厉害的算法，都会被封装到 C++ 库中，堆算法自然也是厉害的算法。（大家要加油，有朝一日，期待你们的算法也被封入库中）

4.4 堆排序

上一节中，我们建堆的方式，是通过将每个元素都 put 进堆，每次新元素进堆后，都进行堆化处理，那有没有更快的方法使一棵普通的完全二叉树转换成堆呢？我们先来回忆一下堆的概念：

1. 堆总是一棵完全二叉树。

2. 堆中每个结点的值总是不大于或不小于其子结点的值。

那么将一棵完全二叉树转换成堆，只要满足第二条即可。完全二叉树还有一条重要的性质：一棵结点个数为 n 的完全二叉树，它的叶子结点个数为 n/2；也就是说从 n/2+1 到 n，都是叶子结点，叶子结点没有子结点，所以必然满足堆性质。

所以，我们只需要从最后一个分支结点 n/2 开始，不断调整分支结点和孩子结点的值，使其满足堆性质，直到根结点为止，这样就能将普通的完全二叉树转换为堆。

我们试着将合并宝石中的完全二叉树转换成大根堆,原始完全二叉树的顺序存储数组为:
[3,9,12,1,20,10]。

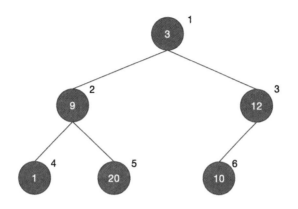

第1步 找到最后的一个分支结点,n/2=3;当前指针 i=3。

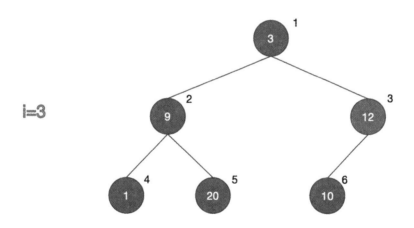

第2步 结点 3 的子树左孩子比它小,无右孩子,满足大根堆性质,无须处理。指针 i 继续
向前,i=2。

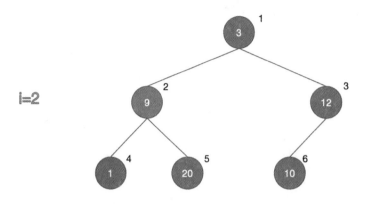

第3步 先将当前结点 a[2]=9 的值暂存起来 tepm=9。结点 2 的子结点为 4、5，a[5]>a[2]>a[4]，找到较大的子结点 a[5]，将 a[5] 调整到父结点位置，寻址指针 j=5。

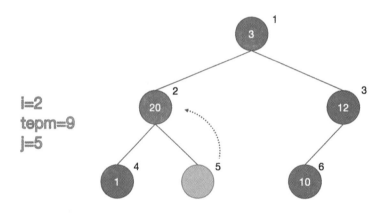

第4步 j=5 结点无子结点，向下堆化完成，将 temp 值放到 j 位置上。

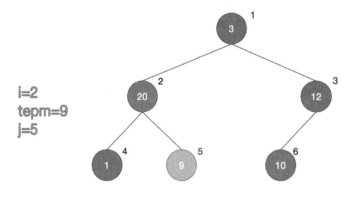

第5步 指针 i 继续向前 i=1。

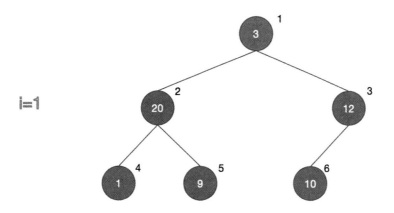

第 6 步 先将当前结点 a[1]=3 的值暂存起来，tepm=3。结点 1 的子结点为 2、3，a[2]>a[3]>a[1]，找到较大的子结点 a[2]，将 a[2] 调整到父结点位置，寻址指针 j=2。

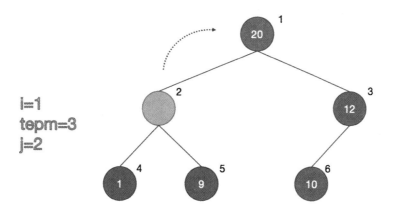

第 7 步 j=2 结点继续向下堆化处理。结点 2 的子结点为 4、5，a[5]>tepm>a[4]，找到较大的子结点 a[5]，将 a[5] 调整到父结点位置，寻址指针 j=5。

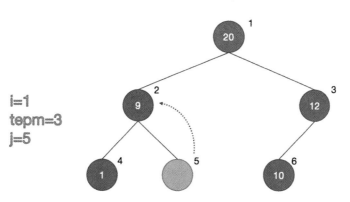

第8步 j=5 结点无子结点，向下堆化完成，将 temp 值放到 j 位置上。

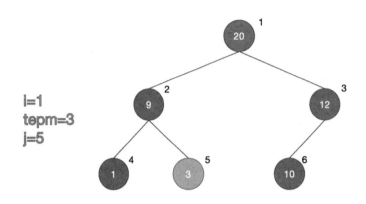

第9步 i 结点到达根结点，堆化完成。存储数组为：[20,9,12,1,3,10]。

是不是简单了很多？堆化处理的核心思想是：

（1）假设当前结点为 i，则它的左孩子有 2*i，右孩子为 2*1+1。

（2）如果 a[i] 比 a[2*i]、a[2*1+1] 大，说明以结点 i 为根的子树满足堆性质，无须处理。

（3）如果 a[i] 比 a[2*i]、a[2*1+1] 任意一个小，则与其较大的孩子 max（a[2*i]、a[2*1+1]）的结点 j 交换位置。互换后，会破坏以 j 结点为根的堆，所以必须继续以 j 结点为当前结点，按照（1）~（3）步骤继续调整，直到 j 结点无子结点为止（即 j>n）。

（4）以此类推，这样以 i 结点为根的子树就堆化完成。

我们定义一个函数 heap(int a[], int i, int n)，表示将数组 a[]，从结点编号 i 到 n 进行堆化，使其将以 i 结点为根的子树调整为一个堆。

【代码实现】

```
void heap(int a[], int i, int n)
{
    int k;
    int temp = a[i];    // 先将当前结点值寄存起来
    // 寻找 temp 的位置 i
    for (k=2*i; k<=n; k*=2)
    {
```

```
                if ( k<n && a[k]<a[k+1]) k=k+1;   // 如果有右孩子，且右孩子比左孩子大，则指数指
向右孩子
                if (temp>a[k]) break;   // 如果左右孩子都小于当前结点，则满足堆性质，退出循环
                a[i] = a[k];   // 否则交换当前结点和孩子结点值
                i=k;   // 指针指向孩子结点，继续向下堆化处理
        a[i]=temp;   // 将当前结点值放到合适的子结点上
    }
```

然后从 n/2 开始，向根结点 1 不断堆化，最终得到 heap(a,1,n)，就是一个以 1 为根结点，结点数为 n 的堆数组 a[]。

```
for (int i=n/2; i>=1; i--){
    heap(a,i,n);
}
```

经过上面的建堆，我们可以将任意一个一维数组建立成初始的大根堆，可以确定堆顶元素最多；那像 heap(a,1,n) 这样的大根堆还有其他作用吗？

有的，大家想一想，heap(a,1,n-1) 表示什么呢？

上面我们说了，heap(a,1,n) 表示以 1 为根结点，结点数为 n 的堆数组 a[]，那么，heap(a,1,n-1) 就表示以 1 为根结点，结点数为 n-1 的堆数组 a[]。

这样一来，我们每次将堆顶元素 a[1] 取出，然后将其与堆尾元素 a[n] 交换，再构造一个 heap(a,1,n-1) 堆；再将堆顶元素 a[1] 取出，然后将其与堆尾元素 a[n-1] 交换，再构造一个 heap(a,1,n-2)，如此下去，最后将堆顶元素 a[1] 取出，然后将其与堆尾元素 a[1] 交换，再构造一个 heap(a,1,1) 堆。

由于每次取出都是堆中最大的值，我们依次将其放到 a[] 数组最后，这样便实现了 a[] 数组的排序功能！

Duang！我们竟然又回到了第 1 章！学习了新的排序算法！这种利用小根堆特性（每次出堆元素最小）进行从大到小排序的算法，利用大根堆特性（每次出堆元素最大）进行从小到大排序的算法，我们称它为堆排序算法。

从上面的交换过程可以看到，堆排序算法也是不稳定算法，是否交换和数据位置有关，交换次数是随机的，平均时间复杂度为 $O(n\log_2 n)$ 和快速排序一样。那堆排序这么复杂（其实通过上面讲解，也不算太复杂对吗？），效率却和快排一样，又不稳定，那学堆排序有什么用呢？

（1）学堆排序有助于理解堆性质；

（2）学堆排序有助于了解优先队列原理。

小明同学也考虑到堆排序的实用性不高，所以在第 1 章中介绍排序算法时，重点介绍的还是快速排序算法，在日常做题或者比赛中，大家用快排即可。

第 5 章

爆装备啦，快来捡

5.1 捡到完美的海螺——递推算法

点完技能的小明感觉游戏人生又达到一个新的境界，打小怪如砍瓜切菜，杀 BOSS 如探囊取物，万军丛中，"破甲之怒"，再一记重击，直接秒掉 BOSS！

噫，好像爆了件宝物！金光闪闪！

是个海螺！好漂亮！

"斐波那契海螺"，因其海螺的螺旋以斐波那契螺旋线绘制而得名，也称"黄金螺旋"，是根据斐波那契数列画出来的螺旋曲线，自然界中存在许多斐波那契螺旋线的图案，是自然界最完美的经典黄金比例。

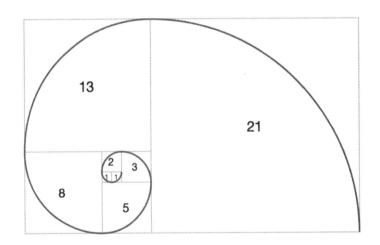

斐波那契数列（Fibonacci sequence），又称黄金分割数列，因数学家列昂纳多·斐波那契

以兔子繁殖为例而引入，故又称为"兔子数列"，指的是这样一个数列：1、1、2、3、5、8、13、21、34……即当前项等于前两项数之和。

在数学上，斐波纳契数列以如下方法定义：

F(1)=1，F(2)=1, F(n)=F(n-1)+F(n-2)（n>=3，n ∈ N*）

小明考大家一个问题，如何确定斐波纳契数列第 n 项的值？

答案在上面的斐波纳契数列中已经给出了，这样的定义算法，我们称之为"递推算法"，F(1)=1，F(2)=1, F(n)=F(n-1)+F(n-2)（n>=3，n ∈ N*），我们称之为"递推公式"。

递推算法是经常被使用的一种简单的算法，也是一种重要的数学算法。递推法是一种用若干步可重复的简单运算来描述复杂问题的方法。"递推"两字，可以拆成"递进"、"推导"来理解，由初始项向目标项不断"递进"，目标项可以有前面若干项"推导"而来。它利用计算机运算速度快、适合做重复性操作的特点，避免了求导通项公式的麻烦。

递推的特点是：每一项都和它前面的若干项有一定的关联，这种关联一般可以通过递推公式来表示，可以通过其前面的若干项得出某项的数据。

从初始的一个或若干个条件出发，逐步推导到结果，叫作顺推。从问题出发，逐步推导到初始条件，叫作逆推。无论是顺推、逆推，递推算法最核心要点，就是找到"递推公式"。

斐波纳契数列的递推公式已经给出，我们可以很容易地将其转换成代码。

【代码实现】

```
#include<cstdio>
#include<iostream>
using namespace std;

int main()
{
    int f[1000];
    int n;

    // 输入项数 n
    scanf("%d",&n);

    // 初始化前两位
    f[1]=1;
    f[2]=1;
    // 递推求导 fn
    for (int i=3; i<=n; i++)
    {
        f[i]=f[i-1]+f[i-2];
```

```
    }
    printf("%d",f[n]);
    return 0;
}
```

递推算法和递归算法，都有"递进"思想，不同的是，一个是"推导"，一个是"回归"。有"递进"就需要边界条件，和递归法一样，递推法的边界——初始值也很重要。

递推和递归算法，往往大多数时候都能互相转换，在上面的代码中，有处"不友好的代码"，我们定义了数组 f[n] 求导第 n 项值，这样的定义非常浪费空间，我们可以做一下"优化"处理。

小明先给出的还是递推法的优化方案，大家自己试着将"斐波那契数列"用递归法来实现看看。

【代码实现】

```
#include<cstdio>
#include<iostream>
using namespace std;

int main()
{
    int f1=1, f2=1, fn;
    int n;

    // 输入项数 n
    scanf("%d",&n);
    // 递推求导 fn
    for (int i=3; i<=n; i++)
    {
        fn=f1+f2;
        f1=f2;
        f2=fn;
    }
    printf("%d",fn);
    return 0;
}
```

17 世纪德国著名的天文学家开普勒曾经这样说过："几何学里有两件宝，一是勾股定理，另一个是黄金分割。如果把勾股定理比作黄金矿的话，那么可以把黄金分割比作钻石矿。"

而黄金分割就来自斐波那契数列，斐波那契数列的前一项除以后一项，在 n 越大时，其结果越近似比值 0.618，比值就是黄金分割比，其精确值为（$\sqrt{5}$ -1）: 2，这个比例被公认为是最能引起美感的比例。上面绘制海螺的矩形也称为"黄金矩形"，其长宽比为 0.618。

在摄影构图、建筑设计等领域，这些美学家们善于利用黄金分割来绘制，例如达芬奇的

《蒙娜丽莎的微笑》、雅典的帕特农神庙……

在音乐领域，小提琴的构造、钢琴每八个度中、莫扎特的《D 大调奏鸣曲》，也有斐波那契数列的影子，"黄金分割"不仅能带来视觉美感，更有听觉美感。

在自然学中也有斐波那契数列的影子。海螺的螺纹、向日葵、松果的种子、菠萝……树枝的分叉、叶子的发芽、花瓣的排列，都是按斐波那契数列方式生长的，这些植物都在亿万年的进化过程中演变成如今的模样。

自然界的选择，人类的审美，斐波那契数列体现了人和自然的高度认知统一。

对于斐波那契数列本身，更有着无数不可思议的规律，例如：

任意连续四个斐波那契数列，可以构造出一个毕达哥拉斯三元组（勾股定理）。

如取 1，1，2，3

中间两数相乘再乘 2，等于 4

外层两数乘积，等于 3

中间两数平方和，等于 5

得到 3,4,5 正好满足勾股定理，大家可以继续试试，证明也是很容易的。

5.2 ▶ 01 背包——动规算法

除了这件"斐波那契海螺"，打完 BOSS 还爆出了 4 件小道具，这些小道具价值不同，占用背包的空间也不同，但是小明的背包空间大小是有限的：

斗篷：占用 3 个空间、价值 3 金

护腕：占用 2 个空间、价值 1 金

水银鞋：占用 4 个空间、价值 5 金

圣杯：占用 7 个空间、价值 9 金

小明的背包只有 10 个空间，每个道具只有一个，该怎么捡取道具，才能使得价值最高呢？

我们先定义两个数组记录物品的空间 W[i] 和价值 V[i]：

物品编号 i	1	2	3	4
所需空间 W	3	2	4	7
价值 V	3	1	5	9

我们再给出一个表格，横行 j 表示背包空间为 j，竖行 i 表示只有前 i 件物品，表中数据 f[i][j] 表示前 i 件物品背包大小为 j 时，所能得到的最大价值：

i＼j	0	1	2	3	4	5	6	7	8	9	10
0	0	0	0	0	0	0	0	0	0	0	0
1	0	0	0	3	3	3	3	3	3	3	3
2	0	0	1	3	3	4					
3	0	0	1	3	5						
4	0	0	1	3	5						

第一行 i=0 时：由于没有物品可以捡，很明显，无论背包大小是多少，最优价值都是 0；

第二行 i=1 时：f[1][0]、f[1][1]、f[1][2]，由于包空间不够捡取物品，所以最优价值还是 0；当包空间 j 达到 3 时，能够捡取一件物品，f[1][3]=3，最优价值 =3；而当前只有前一件物品，所以后面包再大，f[1][3..10] 最优价值依然还是 =3；

第三行 i=2 时：f[2][0]、f[2][1]，由于包空间不够捡取物品，所以最优价值还是 0；当包空间 j 到达 2 时，由于第二件物品空间只需要 2，可以捡取，所以 f[2][2]=1，最优价值 =1；当包空间 j 达到 3 时，能够捡取价值为 3 的物品，f[2][3]=3，最优价值 =3；当包空间 j 达到 5 时，能够捡取两件物品，f[2][5]=4，最优价值 =4。

第四行 i=3 时：f[3][0]、f[3][1]，由于包空间不够捡取物品，所以最优价值还是 0；当包空间 j 到达 2 时，由于第二件物品空间只需要 2，可以捡取，所以 f[3][2]=1，最优价值 =1；当包空间 j 达到 3 时，能够捡取价值为 3 的物品，f[3][3]=3，最优价值 =3；当包空间 j 达到 4 时，只捡取第三件物品，f[3][4]=5，最优价值 =5。

第五行 i=4 时：f[4][0]、f[4][1]，由于包空间不够捡取物品，所以最优价值还是 0；当包空间 j 到达 2 时，由于第二件物品空间只需要 2，可以捡取，所以 f[4][2]=1，最优价值 =1；当包空间 j 达到 3 时，能够捡取价值为 3 的物品，f[4][3]=3，最优价值 =3；当包空间 j 达到 4 时，只捡取第三件物品，f[4][4]=5，最优价值 =5。

表中剩下的空格，大家尝试着填写完。在填写过程中，大家看看能不能找到一个规律，按这个规律，根据表格前面计算出来的结果，迅速填写出剩下的数据。

在填写表格时，小明的想法是这样的：由于每个物品只能捡取一次，那么对于第 i 件物品，只有两种选择：要么捡，要么不捡。

（1）如果捡第 i 件物品，那么当前能获得的最大价值就是 f[i-1][j-w[i]]+v[i]，什么意思呢？当前背包大小为 j，如果我们要捡第 i 件物品，那么背包就得先预留出第 i 件物品的空间 w[i]，那背包大小就只剩 j-w[i] 了，剩下的空间，我们再装前 i-1 件物品。前 i-1 件物品，空间大小只有 j-w[i] 时的最大价值，就是 f[i-1][j-w[i]]，再加上当前物品的价值 v[i]，得到的就是当前最大价值。这步理解的关键点是 j-w[i]，我们要明白：要把这件物品放进背包，就得在背包里面预留出这一部分空间。

（2）如果不捡第 i 件物品，那么当前能获得的最大价值就是 f[i-1][j]。这步非常容易理解，我们不捡第 i 件物品，背包也就无须预留空间，那么最大价值就和从 i-1 件选取是一样的。

我们知道了两种选择所能得到的价值，那我们就知道面对第 i 件时该怎么选择，哪种选择价值高就选哪种，所以我们就得到了下面的公式：

$$f[i][j]=\max\{f[i-1][j-w[i]]+v[i],\ f[i-1][j]\}$$

i：表示前 i 件物品。

j：表示当前背包空间为 j。

f[i][i]：表示前 i 件物品，背包空间为 j 时，所能得到的最大价值。

根据上面的规律，我们将表格填写完整：

i \ j	0	1	2	3	4	5	6	7	8	9	10
0	0	0	0	0	0	0	0	0	0	0	0
1	0	0	0	3	3	3	3	3	3	3	3
2	0	0	1	3	3	4	4	4	4	4	4
3	0	0	1	3	5	5	6	8	8	9	9
4	0	0	1	3	5	5	6	8	9	10	12

我们将上面的公式转换成代码。

哇，编程！——跟小明一起学算法

【代码实现】

```
#include<cstdio>
#include<iostream>
using namespace std;
int max(int x,int y)
{
    // 返回一个较大值
    return x>y?x:y;
}
int main()
{
    int m,n;
    int w[1000];   // 每件物品的重量
    int v[1000];   // 每件物品的价值
    int f[1000][2000];  //f[i][j]表示前i件物品，总重量不超过j的最优价值

    // 输入背包容量
    scanf("%d",&m);
    // 输入物品数量
    scanf("%d",&n);

    for (int i=1; i<=n; i++){
        scanf("%d",&w[i]);
        scanf("%d",&v[i]);
    }

    // 尝试放每一件物品
    for (int i=1; i<=n; i++)
        for (int j=m; j>0; j--)
        {
            // 如果j空间够放w[i]，则从中腾出w[i]的空间，放第i件物品
            if ( w[i]<=j ) f[i][j]=max(f[i-1][j],f[i-1][j-w[i]]+v[i]);
                else f[i][j]=f[i-1][j];
        }
    printf("%d",f[n][m]);
    return 0;
}
```

【输入】

```
10 5
2 6
2 3
6 5
5 4
4 6
```

【输出】

```
15
```

我们再看看上面的推导公式：

$$f[i][j]=max\{f[i-1][j-w[i]]+v[i]，f[i-1][j]\}$$

在填写上面的表格时，我们的顺序是从上到下，从左到右，也就是在计算第 i 行值时，第 i-1 行的最优解已经计算出来。从公式中，我们也能得出，f[i][j] 的解是由 [i-1][j-w[i]]、f[i-1][j] 得出的，在求第 i 行值时，我们只需要关注第 i-1 行的值，所以我们可以将推导公式简化为用一维数组 f[j] 来表达，也就是当第 i 次循环结束后，f[j] 即可表示前 i 件物品，背包空间为 j 时的最优解。

一维推导公式为：

$$f[j]=\max\{f[j-w[i]]+v[i],f[j]\}$$

伪代码如下：

```
for (int i=1;i<=n;i++)
    for (int j=m;j>=0;j--)
        f[j]=max{f[j-w[i]]+v[i],f[j]}
```

其中，当我们循环到第 i 行时，f[j] 实际存储的还是第 i-1 行时的值，即相当于原来的 f[i-1][j]；f[j-w[i]] 存储的也还是第 i-1 行时的值，即相当于原来的 f[i-1][j-w[i]]；这里使用了一个非常巧妙的方式存储，第二层的 j 循环是个逆循环，在求 f[j] 时，f[j]、f[j-w[i]] 存储的还是 i-1 时的值，我们用逆循环保证了 f[j-w[i]] 不会被先覆盖，由于是个逆循环，无论 j 怎么缩小，推导 f[j] 所需要的两个值都还是上一层 i-1 时的值。

大家再想想，如果第二层是顺循环，会是什么样的结果，它的推导公式又是什么？

当第二层是顺循环时，求导 f[j] 时，f[j-w[i]] 所代表的值就是 f[i][m-w[i]]，因为它在 j=m-w[i] 时，已经被重新覆盖了。

二维数组的推导公式，是将每一步的结果都存储下来，用顺循环还是逆循环没有差别，而一维数组的推导公式，只存储了 i-1 层的结果，所以必须使用逆循环，才能保证不被覆盖。这种技巧在算法中经常出现，用逆循环时，大多数推导公式是由 i-1 推出的。

第一眼看这题目时，大家可能会觉得很容易，用我们学过的贪心算法就能解决，我们先选价值最大的 9，背包大小还是 3，我们再选择 3，总价值 12，不就能得出答案了吗？但其实用贪心算法正好就踩进坑里了，例题中的数据恰巧与贪心算法结果相同而已。

我们再看一组数据：

物品编号	1	2	3	4	5
所需空间	2	3	5	8	9
价值	4	6	9	17	20

有 5 件道具，背包大小依然是 10，我们该怎么选？

如果按照贪心算法，我们捡了价值、性价比都是最高的 5 号，由于剩余空间不够捡其他道具，所能得到价值只有 20；

那我们选空间占用小的，尽量多的捡道具呢？我们可以捡到 1、2、3 号道具，刚好 10 个空间，价值也是 20；

但这是我们的最优价值吗？并不是，如果我们选择的是 1 号和 4 号，性价比不高、价值也不是最高，但最终我们能得到的价值却是 21。

5.3 完全背包——动规算法

打 BOSS 又爆出了 5 件小道具：

水银鞋：占用 6 个空间、价值 5 金

圣杯：占用 5 个空间、价值 4 金

大斧：占用 4 个空间、价值 6 金

护腕：占用 2 个空间、价值 3 金

斗篷：占用 2 个空间、价值 6 金

小明的背包还是只有 10 个空间，但这次不同的是，每个道具的数量无限，可以多次捡取，现在该怎么捡取道具，才能使得价值最高呢？

我们先定义两个数组记录物品的空间 W[i] 和价值 V[i]：

物品编号 i	1	2	3	4	5
所需空间 W	6	5	4	2	2
价值 V	5	4	6	3	6

我们再给出一个表格，横行 j 表示背包空间为 j，竖行 i 表示只有前 i 件物品，表中数据

f[i][j] 表示前 i 件物品背包大小为 j 时，所能得到的最大价值：

i \ j	0	1	2	3	4	5	6	7	8	9	10
0	0	0	0	0	0	0	0	0	0	0	0
1	0	0	0	0	0	0	5	5	5	5	5
2	0	0	0	0	4	5	5	5	5	8
3	0	0	0	0	6					
4	0	0	3	3	6					
5	0	0	6	6	12					

第一行 i=0 时：由于没有物品可以捡，很明显，无论背包大小是多少，最优价值都是 0。

第二行 i=1 时：f[1][0..5]，由于包空间不够捡取物品，所以最优价值还是 0；当包空间 j 达到 6 时，能够捡取一件物品，f[1][6]=5，最优价值 =5；而当前只有前一件物品，所以后面包再大，f[1][6..10] 最优价值依然还是 =5。

第三行 i=2 时：f[2][0..4]，由于包空间不够捡取物品，所以最优价值还是 0；当包空间 j 达到 5 时，由于第二件道具空间只需要 5，可以捡取，所以 f[2][5]=4，最优价值 =4；当包空间 j 达到 6 时，能够捡取价值为 5 的物品，f[2][6]=5，最优价值 =5；当包空间 j 达到 10 时，能够捡取两件物品，由于道具可以无限捡取，此时捡两个，第二件道具价值最优，f[2][10]=8，最优价值 =8。

第四行 i=3 时：f[3][0..3]，由于包空间不够捡取物品，所以最优价值还是 0；当包空间 j 达到 4 时，由于第三件物品空间只需要 4，可以捡取，所以 f[3][4]=6，最优价值 =6。

第五行 i=4 时：f[4][0..1]，由于包空间不够捡取物品，所以最优价值还是 0；当包空间 j 达到 2 时，由于第四件物品空间只需要 2，可以捡取，所以 f[4][2]=3，最优价值 =3；当包空间 j 达到 4 时，可以捡取两件价值是 3 的道具，f[4][4]=6，最优价值 =6。

第六行 i=5 时：f[5][0..1]，由于包空间不够捡取物品，所以最优价值还是 0；当包空间 j 达到 2 时，由于第五件物品空间只需要 2，可以捡取，所以 f[5][2]=6，最优价值 =6；当包空间 j 达到 4 时，可以捡取两件价值是 6 的道具，f[5][4]=12，最优价值 =12。

表中剩下的空格，大家可自行尝试着填写完。再想想和 0、1 背包的规律有哪些异同？

0、1 背包的思路是：由于每个物品只能捡取一次，那么对于第 i 件物品，只有两种选择：要么捡，要么不捡。

完全背包的思路和0、1背包很相似：同样捡取第 i 件物品时，我们考虑是捡还是不捡，但不同于0、1背包的是，由于每个物品可以捡取多次，我们考虑的是：完全不捡和捡几次：

（1）不捡第 i 件物品，那么当前能获得的最大价值就是 f[i-1][j]。这步还是非常容易理解的，我们不捡第 i 件物品，那么最大价值就和从 i-1 件选取是一样的。

（2）如果捡第 i 件物品，此时能获得的最大价值就是 f[i][j-w[i]]+v[i]。这里就是和0、1背包的最大区别之处。

f[i][j] 的含义是什么？表示捡前 i 件物品背包大小为 j 时，所能得到的最大价值。0、1背包中，要捡第 i 件物品，剩下包空间最大价值只能在 i-1 件中选，所以是 f[i-1][j-w[i]]；但完全背包可以多次捡取第 i 件物品，剩下包空间最大价值依然可以在前 i 件中选，所以此时最大值是 f[i][j-w[i]]。

f[i][j-w[i]] 表示当前背包的大小为 j，如果我们"还"要继续捡第 i 件物品，那么背包就得先预留出第 i 件物品的空间 w[i]，背包大小就只剩 j-w[i] 了，而剩下的空间我们已经从前 i 件中计算出最优价值了。这步理解的关键点是，f[i][j] 的结果依赖于 f[i][j-w[i]]，所以我们必须先计算出 f[i][j-w[i]]，才能推导出 f[i][j]，是个顺推的过程。

我们知道了两种选择所能得到的价值，所以我们就得到了下面的公式：

$$f[i][j]=max\{f[i][j-w[i]]+v[i]，f[i-1][j]\}$$

i：表示前 i 件物品。

j：表示当前背包空间为 j。

f[i][i]：表示前 i 件物品，背包空间为 j 时，所能得到的最大价值。

根据上面的规律，我们将表格填写完整：

i \ j	0	1	2	3	4	5	6	7	8	9	10
0	0	0	0	0	0	0	0	0	0	0	0
1	0	0	0	0	0	0	5	5	5	5	5
2	0	0	0	0	0	4	5	5	5	5	8
3	0	0	0	0	6	6	6	6	12	12	12
4	0	0	3	3	6	6	9	9	12	12	15
5	0	0	6	6	12	12	18	18	24	24	30

【代码实现】

```
#include<cstdio>
#include<iostream>
using namespace std;
int max(int x,int y)
{
    // 返回一个较大值
    return x>y?x:y;
}
int main()
{
    int m,n;
    int w[1000];   // 每件物品的重量
    int v[1000];   // 每件物品的价值
    int f[1000][2000];  //f[i][j]表示前 i 件物品，总重量不超过 j 的最优价值

    // 输入背包容量
    scanf("%d",&m);
    // 输入物品数量
    scanf("%d",&n);

    for (int i=1; i<=n; i++){
        scanf("%d",&w[i]);
        scanf("%d",&v[i]);
    }

    // 尝试放每一件物品
    for (int i=1; i<=n; i++)
        for (int j=1; j<=m; j++)
        {
            // 如果 j 空间够放 w[i]，则从中腾出 w[i] 的空间，放第 i 件物品
            if ( w[i]<=j ) f[i][j]=max(f[i-1][j],f[i][j-w[i]]+v[i]);
                else f[i][j]=f[i-1][j];
        }
    printf("%d",f[n][m]);
    return 0;
}
```

我们知道 f[i][j] 的结果依赖于 f[i][j-w[i]]，要计算 j 的值，需要先计算出 j-w[i]，而且无须依赖 i-1 阶段的值，我们可以直接将二维推导公式简化为一维公式。

一维推导公式为：

$$f[j]=max\{f[j-w[i]]+v[i],f[j]\}$$

伪代码如下：

```
for (int i=1;i<=n;i++)
    for (int j=w[i];j<=m;j++)
        f[j]=max{f[j-w[i]]+v[i],f[j]}
```

【代码实现】

```
#include<cstdio>
#include<iostream>
using namespace std;
int max(int x,int y)
{
    // 返回一个较大值
    return x>y?x:y;
}
int main()
{
    int m,n;
    int w[1000];   // 每件物品的重量
    int v[1000];   // 每件物品的价值
    int f[2000];   //f[i]表示总重量不超过i的最优价值

    // 输入背包容量
    scanf("%d",&m);
    // 输入物品数量
    scanf("%d",&n);

    for (int i=1; i<=n; i++){
        scanf("%d",&w[i]);
        scanf("%d",&v[i]);
    }

    // 遍历每一件物品
    for (int i=1; i<=n; i++)
        for (int j=w[i]; j<=m; j++)
        {
            // 则从j空间中腾出w[i]的空间，放第i件物品
            f[j] =max(f[j],f[j-w[i]]+v[i]);
        }
    printf("%d",f[m]);
    return 0;
}
```

5.4 多重背包——动规算法

0、1背包中，每个装备只有一件，只能捡取一次；完全背包中，每个装备有无数件，可以任意捡取。我们再扩展一下，如果每个装备的数量都不一样，我们又该怎么捡呢？这就是多重背包问题，我们来看看，依然是 5 种装备。

水银鞋：占用 8 个空间、价值 2 金、数量 4 件

圣杯：占用 4 个空间、价值 5 金、数量 9 件

大斧：占用 3 个空间、价值 5 金、数量 7 件

护腕：占用 4 个空间、价值 3 金、数量 6 件

斗篷：占用 2 个空间、价值 2 金、数量 1 件

这次，小明的背包也扩大了，有 100 个空间，现在该怎么捡取装备，才能使得价值最高呢？

我们可以用 0、1 背包的思路来思考，在 0、1 背包中，对于每个装备的选择只有两种：要么捡、要么不捡；多重背包的选择也是有限的，对于第 i 个装备的选择有 s[i]+1 种：捡 0 件、捡 1 件……捡 s[i] 件。区别于完全背包，完全背包中装备的捡取数量不确定。

我们依然用 f[i][j] 表示前 i 件道具，背包空间为 j 时的最大价值：

如果第 i 件物品捡 0 件：f[i][j]=f[i-1][j]

如果第 i 件物品捡 1 件：f[i][j]=f[i-1][j-1*w[i]]+1*v[i]

如果第 i 件物品捡 2 件：f[i][j]=f[i-1][j-2*w[i]]+2*v[i]

……

如果第 i 件物品捡 s[i] 件：f[i][j]=f[i-1][j-s[i]*w[i]]+s[i]*v[i]

上述情况中的最大值也就是 f[i][j] 的最优值了。

所以，多重背包的二维推导公式为：

f[i][j]=max{f[i-1][j-k*w[i]]+k*v[i]}，其中 0 <= k <=s[i]

f[i] 阶段的推导，依赖于 f[i-1] 阶段的值，所以此处我们依然需要用逆循环方式求解。同时我们根据 0、1 背包中的分析，可以将二维推导公式转换成一维推导公式：

f[j]=max{f[j-k*w[i]]+k*v[i]}，其中 0 <= k <=s[i]

伪代码如下：

```
for (int i=1; i<=n; i++)
    for (int j=m; j>=0; j--)
        for (int k=0; k<=s[i]; k++)
            if (j>=k*w[i])
                f[j] =max(f[j],f[j-k*w[i]]+k*v[i]);
```

【代码实现】

```
#include<cstdio>
```

```
#include<iostream>
using namespace std;
int max(int x,int y)
{
    // 返回一个较大值
    return x>y?x:y;
}
int main()
{
    int m,n;
    int w[1000];   // 每件物品的重量
    int v[1000];   // 每件物品的价值
    int s[1000];   // 每件物品的可取数量
    int f[2000];   //f[i]表示总重量不超过i的最优价值

    // 输入背包容量
    scanf("%d",&m);
    // 输入物品数量
    scanf("%d",&n);

    for (int i=1; i<=n; i++){
        scanf("%d",&w[i]);
        scanf("%d",&v[i]);
        scanf("%d",&s[i]);
    }

    // 遍历每一件物品
    for (int i=1; i<=n; i++)
        for (int j=m; j>=0; j--)
            for (int k=0; k<=s[i]; k++)
            {
                if (j>=k*w[i])
                {
                    // 则从j空间中腾出w[i]的空间，放第i件物品
                    f[j] =max(f[j],f[j-k*w[i]]+k*v[i]);
                }

            }
    printf("%d",f[m]);
    return 0;
}
```

至此，我们学习到 0、1 背包、完全背包、多重背包，这三种背包问题是动态堆化中最经典的例题，动态规划一般可分为线性动规、区域动规、树形动规、背包动规四类。

虽然我们常常说动态规划算法，但实际上动态规划程序设计是对解最优化问题的一种途径、一种方法、一种思路，却不是一种具体的"算法"。不像搜索或数值计算那样，具有一个标准的数学表达式和明确清晰的解题方法。动态规划程序设计往往是针对一种最优化的问题，由于各种问题的性质不同，确定最优解的条件也互不相同，因而动态规划的设计方法对不同的问题有各具特色的解题方法，而不存在一种万能的动态规划算法，可以解决各类最优化问题。因此大家在学习时，除了要对基本概念和方法正确理解外，必须具体问题具体分析

处理，以丰富的想象力去建立模型，用创造性的技巧去求解。我们也可以通过对若干有代表性的问题的动态规划算法进行分析、讨论，逐渐学会并掌握这一设计方法。动态规划也是本书中最重要、最难入门的一种"算法"，学习时需要有一点耐心。

动态规划常常容易和贪心算法、递推算法混淆。贪心算法是每一步都选取最优解，直到计算出结果；而动态规划的最优解往往不是局部最优解。动态规划和递推算法，有着类似的推导公式，但递推算法中推导公式，一般在求下一步值时，上一步的值已经求出，而动态规划中，因为下一步某个条件的加入或者变动，往往需要重新计算上一步的值，动态规划是"动态"的推导，递推是"静态"的推导。

第 6 章

迷宫

6.1 图的概念

在游戏中，小明的出生地点是新手村，在刚进入游戏时，小明会经常跑到世界之树和荒芜之地去刷野怪，那里的野怪比较适合新手村的"菜鸟"。暴风城是老"菜鸟"的聚集地，从新手村出来后，都集中在暴风城中。而黑暗之门，传说是通往另一个世界，暴风城是前往黑暗之门的必经之路。我们将新手村附近的地图简单绘制出来。

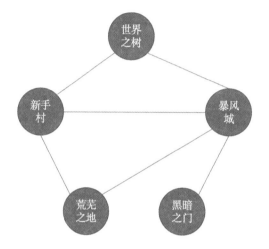

在算法领域，类似这样的地图，有个专业名词——图，图是用来对对象之间的成对关系建模的数学结构，由"顶点"（又称"结点"或"点"）以及连接这些顶点的"边"（又称"弧"或"线"）组成。它和树一样，都是一种数据结构。

我们将上面地图中的城市结点用数字表示，就是一个由 5 个结点，6 个边组成的图：

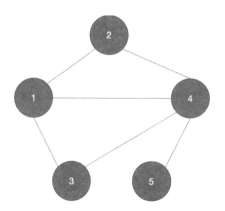

6.1.1 图的定义

（1）有向图：图的边有方向，只能按箭头方向从一个点到另一个点。如下图所示，就是一个有向图。

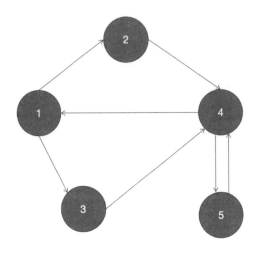

（2）无向图：图的边没有方向，可以双向。如下图所示，就是一个无向图。

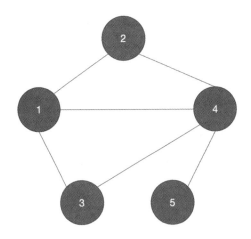

（3）结点的度：无向图中与结点相连的边的数目，称为结点的度，例如结点 4，有四条边与之相连，它的度为 4。

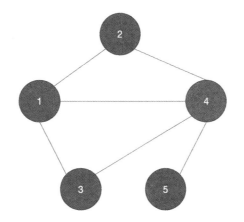

（4）结点的入度：在有向图中，以这个结点为终点的所有有向边的数目，称为该结点的入度，例如结点 4，有三条边以其为终点，入度为 3。

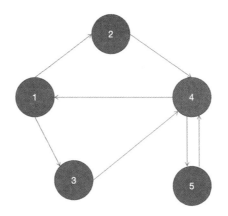

（5）结点的出度：在有向图中，以这个结点为起点的所有有向边的数目，称为该结点的出度，例如结点 4，有两条边以其为起点，出度为 2。

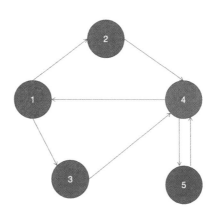

（6）权值：每个边可以定义自己的权值，权值可以形象地理解为这条边的"长度"，例如下图，结点 1 与结点 2 之间的权值为 18，结点 4 与结点 5 之间的权值为 27。

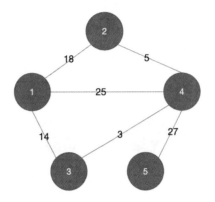

（7）路径：从结点 U 出发，到结点 V 结束，中间经过的所有结点的有序序列，称为 U 到 V 的路径。例如，从结点 1 到结点 5 之间的路径为：1-2-4-5。

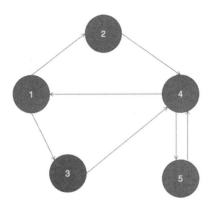

（8）回路、闭环：如果 U 和 V 是同一个结点，即起点和终点是同一个结点，路径是个"闭"的，这样的路径称为回路，或者闭环。例如路径 1-2-4-1 是一个回路。

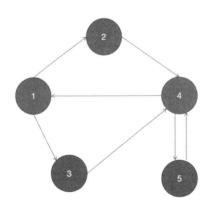

（9）强连通图：在有向图 G 中，如果对于每一对 vi、vj，vi ≠ vj，从 vi 到 vj 和从 vj 到 vi 都存在路径，则称 G 是强连通图。例如下图中任意两个结点都是可达的，所以它是强连通图。

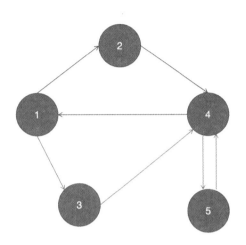

起点＼终点	1	2	3	4	5
1		1-2	1-3	1-2-4	1-3-4-5
2	2-4-1		2-4-3	2-4	2-4-5
3	3-4-1	3-4-2		3-4	3-4-5
4	4-1	4-1-2	4-1-3		4-5
5	5-4-1	5-4-1-2	5-4-1-3	5-4	

下图中，结点 5 无法到达 1、2、3、4 结点，所以它不是强连通图。

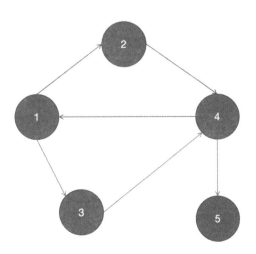

（10）强连通分量：在有向图中，任意两点都连通的最大子图，称为强连通分量。例如下图，1-2-3-4 构成一个强连通分量。

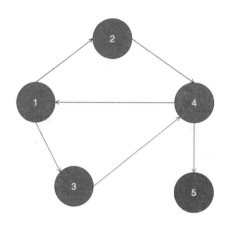

6.1.2 图的存储结构

1. 二维数组存储的邻接矩阵存储

二维数组 g[i][j]，表示结点 i 到结点 j 的边的权值或者是否有边，定义如下：

$$g[i][j] = \begin{cases} 1 \text{ 或者权值} & \text{当 i 与 j 之间有边时，取值为 1 或者边的权值} \\ 0 \text{ 或者} \infty & \text{当 i 与 j 之间无边时，取值为 0 或者无穷大} \end{cases}$$

例如下面三个图对应的二维数组如下：

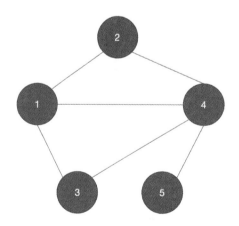

i j	1	2	3	4	5
1	0	1	1	1	0
2	1	0	0	1	0
3	1	0	0	1	0
4	1	1	1	0	1
5	0	0	0	1	0

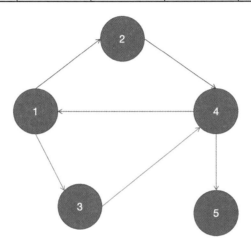

i j	1	2	3	4	5
1	0	0	0	1	0
2	1	0	0	0	0
3	1	0	0	0	0
4	0	1	1	0	0
5	0	0	0	1	0

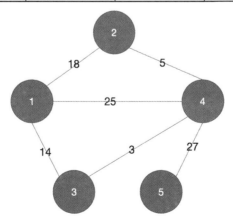

i / j	1	2	3	4	5
1	∞	18	14	25	∞
2	18	∞	∞	5	∞
3	14	∞	∞	3	∞
4	25	5	3	∞	27
5	∞	∞	∞	27	∞

二维存储伪代码：

```
scanf("%d",&n);  // 输入结点的个数
for ( int i =1; i <=n; i++ )
for ( int j =1; j<=n; j++ )
     g[i][j]=0x7fffffff;
scanf("%d",&k);  // 输入边的个数
for ( int i =1; i <=k; i++ )
{
scanf("%d",&u);  // 输入起点
scanf("%d",&v);  // 输入终点
scanf("%d",&w);  // 输入权值（可以没有权值）
g[u][v]=w;  // 有权图则设置为权，无权图可以 g[u][v]=1 表示有边
g[v][u]=w;  // 无向图的边是双向的，如果是有向图则不用设置
}
```

2. 数组模拟邻接表存储

```
Struts edge
{
int next;  // 下一条边的编号
int to;  // 这条边的终点
Int dis;  // 这条边的权值
}edge[1000]
```

伪代码为：

```
Int edge_num=0;  // 当前边的编号
Int head[100];  // head[i] 表示以结点 i 为起点的当前条边的编号
scanf("%d",&n);  // 输入结点的个数
scanf("%d",&k);  // 输入边的个数
for ( int i =1; i <=k; i++ )
{
scanf("%d",&u);  // 输入起点
scanf("%d",&v);  // 输入终点
scanf("%d",&w);  // 输入权值（可以没有权值）
edge[++edge_num].next=head[u];
edge[edge_num].to=v;
edge[edge_num].dis=w;
head[u]=edge_num;
}
```

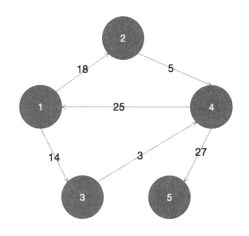

以上图为例，结点的个数 n=5，边的个数 k=6，边的数据如下：

边的编号	起点 U	终点 V	权值 W
1	1	2	18
2	2	4	5
3	4	1	25
4	1	3	14
5	3	4	3
6	4	5	27

输入第一条边之后：

Head	1	0	0	0	0

edge	next	to	dist
1	0	2	18

输入第二条边之后：

Head	1	2	0	0	0

edge	next	to	dist
1	0	2	18
2	0	4	5

输入第三条边之后：

Head	1	2	0	3	0

edge	next	to	dist
1	0	2	18
2	0	4	5
3	0	1	25

输入第四条边之后：

Head	4	2	0	3	0

edge	next	to	dist
1	0	2	18
2	0	4	5
3	0	1	25
4	1	3	14

输入第五条边之后：

Head	4	2	5	3	0

edge	next	to	dist
1	0	2	18
2	0	4	5
3	0	1	25
4	1	3	14
5	0	4	3

输入第六条边之后：

Head	4	2	5	6	0

edge	next	to	dist
1	0	2	18
2	0	4	5
3	0	1	25
4	1	3	14
5	0	4	3
6	3	5	27

边的数据输入完成后，邻接表建立完成。

我们来输出以结点 4 开始的所有边：

伪代码如下：

```
For ( int i = head[4]; i != 0 ; i = egde[i].next){
边的开始结点: 4
边的结束结点: egde[i].to
边的权值: egde[i].dist
}
```

具体遍历边信息思路如下：

（1）先从 head[4] 中取出，当前条起点为 4 的边编号：6。

（2）打印编号为 6 的边信息。

（3）指针指向下一条起点是 4 的边编号：3。

（4）打印编号为 3 的边信息。

（5）直到 next 指针为 0，表示起点为 4 的边信息打印完毕。

Head	4	2	5	6	0

edge	next	to	dist
1	0	2	18
2	0	4	5
3	0	1	25
4	1	3	14
5	0	4	3
6	3	5	27

6.2 ▶ 图的遍历

从图中的任意一个顶点出发，对图中的所有顶点访问一次且只访问一次，这种算法操作称为图的遍历。图的遍历操作和树的遍历操作功能相似。图的遍历是图的一种基本操作，图的其他算法如求解图的连通性问题、拓扑排序、求关键路径等都是建立在遍历算法的基础之上。

由于图结构本身的复杂性，所以图的遍历操作也较复杂，主要表现在以下四个方面：

- 在图结构中，没有一个"自然"的首结点，图中任意一个顶点都可作为第一个被访问的结点；

- 在非连通图中，从一个顶点出发，只能够访问它所在的连通分量上的所有顶点，因此，还需考虑如何选取下一个出发点以访问图中其余的连通分量；

- 在图结构中，如果有回路存在，那么一个顶点被访问之后，有可能沿回路又回到该顶点；

- 在图结构中，一个顶点可以和其他多个顶点相连，当这样的顶点访问过后，存在如何选取下一个要访问的顶点的问题。

目前，图的遍历方法有深度优先搜索法和广度（宽度）优先搜索法两种。对无向图和有向图，这两种算法都适用。从效率上来看，无论是深度优先搜索，还是广度优先搜索，都没有明显的优势，两种算法的时间复杂度都为 O（N*N），根据不同的场景，选择最合适的搜索算法。

6.2.1 深度优先搜索法

深度优先搜索法是树的先根遍历的推广，其算法本质是"回溯"算法。

它的基本思想是：从图 G 的某个顶点 v0 出发，访问 v0，然后选择一个与 v0 相邻且没被访问过的顶点 vi 访问，再从 vi 出发选择一个与 vi 相邻且未被访问的顶点 vj 进行访问，依次继续。如果当前被访问过的顶点的所有邻接顶点都已被访问，则退回到已被访问的顶点序列中最后一个拥有未被访问的相邻顶点的顶点 w，从 w 出发按同样的方法向前遍历，直到图中所有顶点都被访问。

以下图为例，它的深度优先遍历是：1 → 2 → 6 → 8 → 3 → 7 → 5 → 4。

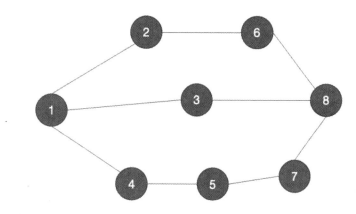

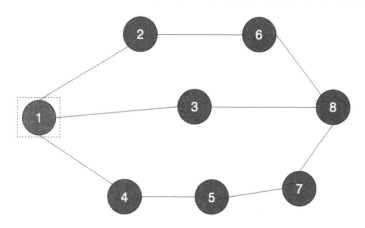

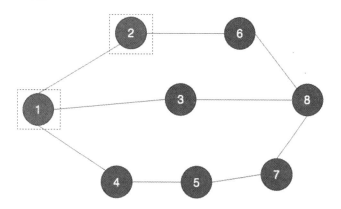

具体遍历过程：

第 1 步　先选取结点 1 为出发结点，遍历结点 1，将其标记为已访问。当前遍历顺序：1。

第 2 步　访问与结点 1 相连的结点 2（也可以选取相连的结点 3、4），将其标记为已访问。
当前遍历顺序：1 → 2。

第 3 步　访问与结点 2 相连的结点 6，将其标记为已访问。当前遍历顺序：1 → 2 → 6。

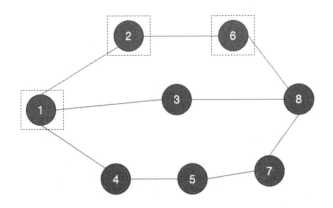

第4步 访问与结点 6 相连的结点 8，将其标记为已访问。当前遍历顺序：1→2→6→8。

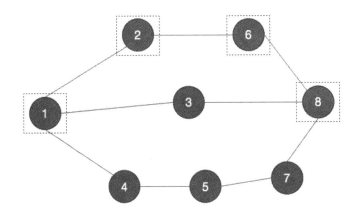

第5步 访问与结点 8 相连的结点 3（也可以选取相连的结点 7），将其标记为已访问。当前遍历顺序：1→2→6→8→3。

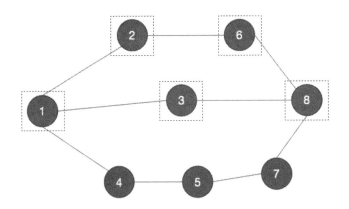

第6步 此时发现，结点 3 的邻接结点都已被访问完，"回溯"到上一结点 8。

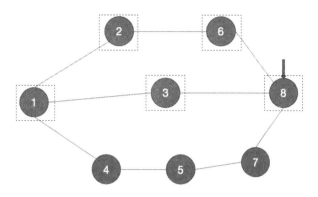

第7步 继续访问与结点 8 相连的结点 7，将其标记为已访问。当前遍历顺序：1→2→6→8→3→7。

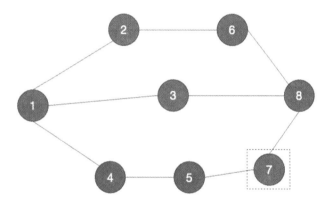

第8步 继续访问与结点 7 相连的结点 5，将其标记为已访问。当前遍历顺序：1→2→6→8→3→7→5。

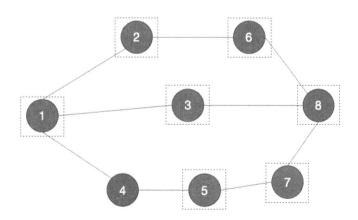

第9步 继续访问与结点 5 相连的结点 4，将其标记为已访问。当前遍历顺序：1→2→6→8→3→7→5→4。

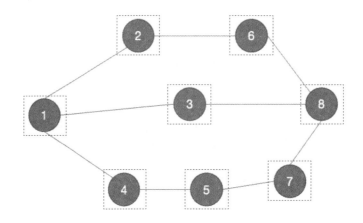

此时所以结点都已被访问，遍历结束。

6.2.2 广度优先搜索法

广度优先搜索法是树的层次遍历的推广。

它的基本思想是：首先访问初始点 vi，并将其标记为已访问，接着访问 vi 的所有未被访问过的邻接点 vi1,vi2,…, vit，并均标记已访问过，然后再按照 vi1,vi2,…, vit 的次序，访问每一个顶点的所有未被访问过的邻接点，并均标记为已访问，以此类推，直到图中所有和初始点 vi 有路径相通的顶点都被访问过为止。

以下图为例，它的广度优先遍历是：1→2→3→4→6→8→5→7。

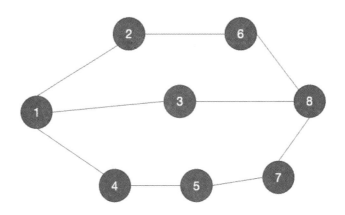

具体遍历过程:

第1步 先选取结点 1 为出发结点，遍历结点 1，将其标记为已访问，同时指针指向结点 1。
当前遍历顺序: 1。

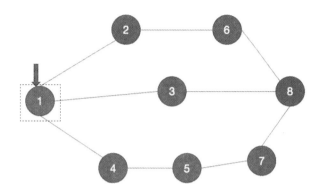

第2步 依次遍历与当前指针 1 相连的邻接结点 2、3、4，同时将其标记为已访问。当前遍
历顺序: 1→2→3→4。

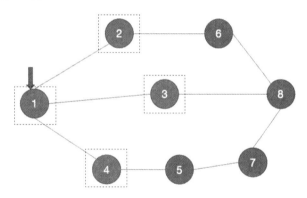

第3步 指针按遍历顺序向后移动，当前指针指向结点 2。

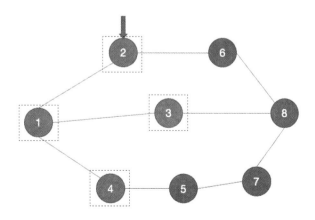

第4步 依次遍历与当前指针2相连的邻接结点6（结点1已访问），同时将其标记为已访问。当前遍历顺序：1→2→3→4→6。

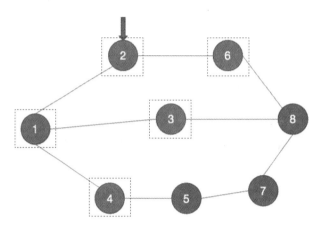

第5步 指针按遍历顺序向后移动，当前指针指向结点3。

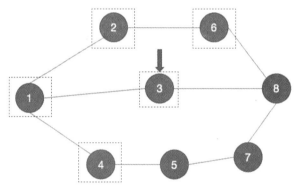

第6步 依次遍历与当前指针3相连的邻接结点8（结点1已访问），同时将其标记为已访问。当前遍历顺序：1→2→3→4→6→8。

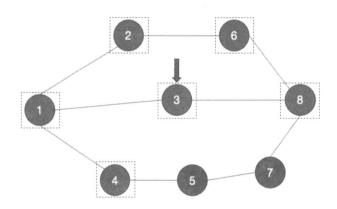

第 7 步 指针按遍历顺序向后移动，当前指针指向结点 4。

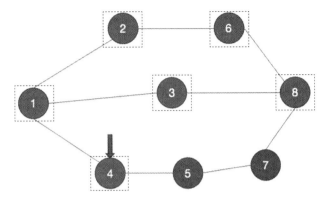

第 8 步 依次遍历与当前指针 3 相连的邻接结点 5（结点 1 已访问），同时将其标记为已访问。当前遍历顺序：1→2→3→4→6→8→5。

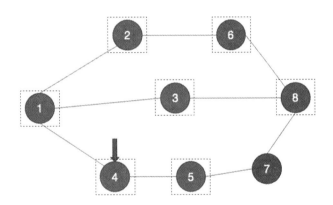

第 9 步 指针按遍历顺序向后移动，当前指针指向结点 6。

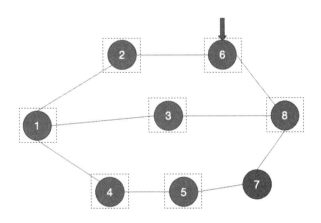

第10步 结点 6 的邻接结点都已被访问，指针按遍历顺序继续向后移动，当前指针指向结点 8。

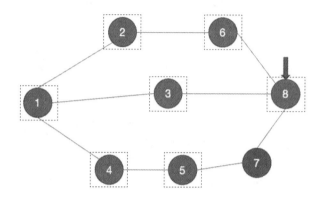

第11步 依次遍历与当前指针 8 相连的邻接结点 7（结点 6 已访问），同时将其标记为已访问。当前遍历顺序：1→2→3→4→6→8→5→7。

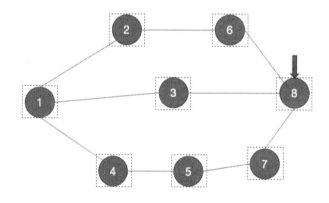

此时所有结点都已被访问，遍历结束。

6.3 并查集

在暴风城中，有着无数个门派，每个玩家都会找一个门派加入，在打副本时就可以召唤自己门派的师兄弟们，随着玩家越来越多，有些门派变得十分庞大。小明也加入了一个门派，小红、小刚、小强、小花等这些朋友也都有自己的门派，由于朋友太多，小明只知道自己和小红是一个门派，小红只知道自己和小花是一个门派，小强只知道自己和小刚是一个门派……

那么他们这些朋友一共加入了几个门派呢？哪些朋友是一个门派的呢？

现在有 N=10 个朋友，这些人编号为 1、2、3…、N。另外有 M=7 个朋友间的门派信息，即每行两个编号的朋友是一个门派的：

2 4

5 7

1 3

8 9

1 2

5 6

2 3

需要找出一共有几个门派，哪些朋友在一个门派。

6.3.1 分析

我们先将上面每个人抽象成一个编号的点，数据给出了两个人之间的关系，意味着两个点之间有一条边。我们将这些点和边绘制出来，很直观地就得出了这些朋友的当前关系：

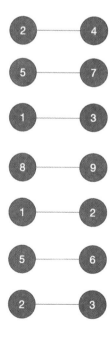

当然，我们还要进一步优化一下，这些点有重复的，我们需要和它们进行合并，最终得到下面这张 N 个顶点 M 条边的图论模型：

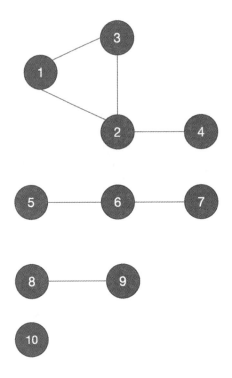

这张图是个非强连通图，我们只要找出图中有 4 个连通块，就可以知道有 4 个门派，在同一个连通块中的所有点就是同一个门派的。

用传统图论的思想，我们可以很轻易地找到答案，这种思路需要保存每条边的信息，再构造图信息，然后再进行图的遍历算法，效率明显不够高。

进一步考虑，如果全服务器的玩家信息都录入进来，我们把问题改成：需要知道两个玩家是否是同一个门派的。那么问题就复杂很多，按传统图论思想，我们需要每次查找关系，都要进行一次搜索（深度优先搜索），玩家越多，采用图论的连通图思想的算法效率就越低。

我们换种思路，先清空一下脑袋。

用最基本的集合思路试试：

（1）先将每个人编号独立建立一个集合，表示开始时，还不知道他们的门派关系。

{1} {2} {3} {4} {5} {6} {7} {8} {9} {10}

（2）输入 2、4，将 2、4 所在的集合合并。

{1} {2,4} {3} {5} {6} {7} {8} {9} {10}

（3）输入 5、7，将 5、7 所在的集合合并。

{1} {2,4} {3} {5,7} {6} {8} {9} {10}

（4）输入 1、3，将 1、3 所在的集合合并。

{1,3} {2,4} {5,7} {6} {8} {9} {10}

（5）输入 8、9，将 8、9 所在的集合合并。

{1,3} {2,4} {5,7} {6} {8,9} {10}

（6）输入 1、2，将 1、2 所在的集合 {1,3}、{2,4} 合并。

{1,3,2,4} {5,7} {6} {8,9} {10}

（7）输入 5、6，将 5、6 所在的集合 {5,7}、{6} 合并。

{1,3,2,4} {5,7,6} {8,9} {10}

（8）输入 2、3，2、3 现在在同一个集合中，无须合并操作。

最终得到了四个集合，每个集合中的元素就代表是一个门派中的。如果需要知道两个玩家是否是一个门派的，只需知道他们是否在同一个集合中即可。

以上集合思路怎么用算法实现呢？接下来就推出我们的并查集算法！

6.3.2　并查集的原理

并查集（Union-Find Set）是一种用于分离集合操作的抽象数据类型。它的名称由三个词语组合而成"合并""查找""集合"，它是动态地维护和处理集合元素之间复杂的关系，维护和处理的方式是：查找与合并。即当给出一个无序对（a,b）时，需快速查找 a, b 所在集合，然后将两个集合进行合并处理。

并查集是一种树形的数据结构，用于处理一些不相交集合（Disjoint Sets）的合并及查询问题。这种不相交的集合就叫作分离集合，常常在使用中以森林来表示。

在一些有 N 个元素的集合应用问题中，我们通常是在开始时让每个元素构成一个单元素的集合，然后按一定顺序将属于同一组的元素所在的集合合并，其间要反复查找一个元素在哪个集合中。这一类问题近几年来反复出现在信息学的国际、国内赛题中，其特点是看似并不复杂，但数据量极大，若用正常的数据结构来描述的话，往往在空间上过大，计算机无法承受；即使在空间上勉强通过，运行的时间复杂度也极高，根本就不可能在比赛规定的运行时间（1 ~ 3s）内计算出试题需要的结果，只能用并查集来描述。

6.3.3　并查集的操作

并查集的数据结构记录了一组分离的动态集合，维护并查集只需要如下三个操作：

1．初始化 Make()

把每个点所在集合初始化为其自身。通常来说，这个步骤在每次使用该数据结构时只需要执行一次，无论何种实现方式，时间复杂度均为 O(N)。

2．合并 Union(x,y)

将包含 x 和 y 的分离集合(Sx 和 Sy)合并成一个新的集合。并查集是一种树形的数据结构，合并的操作就是合并两个子树形成一棵新的树：

例如，以下五个集合，代表五个子树的根。

（1）合并 1、2，即将 1 作为父结点，2 结点作为 1 结点的儿子。

（2）合并 1、3，将 1 作为父结点，3 结点作为 1 结点的儿子。

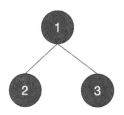

（3）合并 4、5，将 4 作为父结点，5 结点作为 4 结点的儿子。

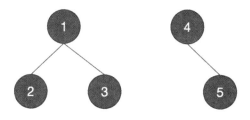

（4）合并 3、5，将 3 作为父结点，5 结点作为 3 结点的儿子。

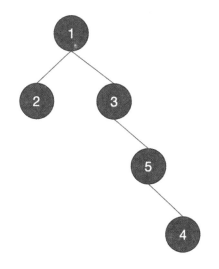

3. 查找 Find(x)

查找元素所在的集合，即根结点。经过合并后的集合，就变成一组树组成的森林，查找就变得相当容易，例如 Find(4)=1，表示元素 4 是属于 1 集合的，Find(3)=1，表示元素 3 是属于 1 集合的，Find(x) 相等就表示那么 3 和 4 是在同一个集合中。

我们将上面的操作用伪代码实现如下：

```
make()
{
    for (int i=1; i<=n; i++)
        father[i]=i;  // 初始化，每个点所在集合初始化为其自身
}
union(int x, int y)
{
        father[x]=y;  // 合并集合，将某个结点的根结点作为另一个结点的子结点
}
int find(int x)
{
    if (father[x]==x)
      {
            return x;  // 如果是根结点，就返回
      }else
      {
            return find(father[x]);  // 如果不是根结点，就向上查找根结点
      }
}
```

以上算法，我们就完成了并查集的所有操作。但大家有没发现一个弊端，在 Find(4) 的时候，我们还是花了很长的时间去寻找结点 4 所在树的根结点。当数据比较特殊时，就会形成某棵子树的单边链路特别长，这种情况下查找效率会很低。

实际上，在使用并查集算法时，我们并不关心 4 结点到根结点 1 之间的路径（4-5-3-1），我们只关心结点 4 是根结点 1 下的子孙结点。所以，我们可以用压缩路径对树进行优化。即当第一次 Find(4)=1 时，我们知道了结点 4 是结点 1 的子孙结点，那么我们可以直接将结点 4 指向结点 1（结点 4 由重孙结点升级为子结点）。

同时在 union(3,5) 时，我们不是简单地将 5 结点挂在结点 3 的下面，而是找到结点 3 的根结点 1，直接挂在结点 1 下面。

最终树形状变成如下所示：

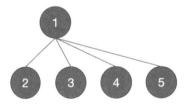

这样，我们就得到一棵只有两层的树结构，Find(x) 是时间复杂度几乎降到了 1。

优化后的伪代码实现如下：

```
make()
{
```

```
    for (int i=1; i<=n; i++)
        father[i]=i;  // 初始化, 每个点所在集合初始化为其自身
}

    union(int x, int y)
        {
x=father[x];  // 找到 x 的根结点
y=father[y];  // 找到 y 的根结点
        father[y]=x;  // 合并集合, 将某个结点的根结点作为另一个结点的子结点
}

int find(int x)
{
    if (father[x]==x)
    {
        return x;  // 如果是根结点, 就返回
    }else
    {
father[x]=find(father[x]);
        return find(father[x]);  // 如果不是根结点, 就向上查找根结点
    }
}
```

至此, 我们完全阐述了并查集的基本操作和作用, 我们再回到最开始的问题中, 将其用并查集算法操作:

第1步 初始化集合, 将每个集合根结点设置成自身。

第2步 合并 2、4 树。

第3步 合并 5、7 树。

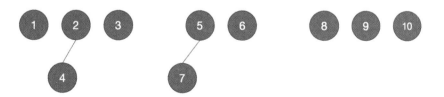

第 4 步 合并 1、3 树。

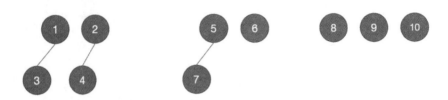

第 5 步 合并 8、9 树。

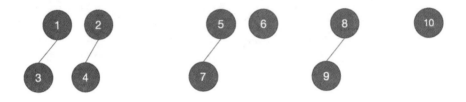

第 6 步 合并 1、2 树。

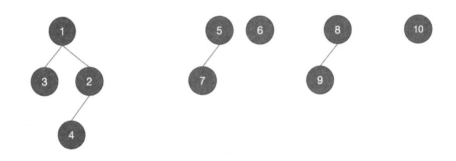

第 7 步 合并 5、6 树。

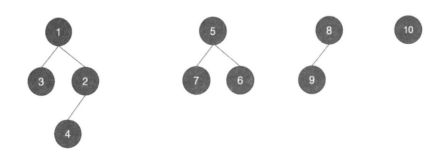

第 8 步 合并 2、3 树，由于 2、3 树根结点一样，无须合并。

【代码实现】

```cpp
#include<cstdio>
#include<iostream>
using namespace std;
int pre[1000];  // pre[i] 表示 i 的师兄
int findPre(int x)
{
    if (pre[x]==x)
    {
        return x;
    }else
    {
        pre[x]=findPre(pre[x]);
        return pre[x];
    }
}
void unionn(int x, int y)
{
    // 找 x 的大师兄
    int x1=findPre(x);
    // 找 y 的大师兄
    int y1=findPre(y);
    // 如果大师兄不同，则合并
    if ( x1 != y1 )
    {
        pre[y1]=x1;
    }
}
int main()
{
    int n,m;  // n 表示人数，m 表示关系数
    int x,y;  // x,y 表示要建立的关系
    int total=0;  // 门派数

    // 输入人数和关系数
    scanf("%d%d",&n,&m);

    // 初始化，每个人都是大师兄
    for (int i=1; i<=n; i++)
    {
        pre[i]=i;
    }

    // 开始建立关系
    for (int i=1; i<=m; i++)
    {
        scanf("%d%d",&x,&y);
        unionn(x,y);
    }

    // 最后看看有多少个大师兄，就有多少个门派
    for (int i=1; i<=n; i++)
    {
        printf("%d%d\n", pre[i],i);
        if ( pre[i]==i )
        {
            total++;
```

```
    }
  }
  printf("%d",total);
  return 0;
}
```

6.4 ▶ 最小生成树

从世界之门穿越出来，小明到了一个新世界地图中，这块地图小明还没探索过，准备拓荒之前小明先从网上查看了一下攻略。这个新世界中有五座城市，从一座城市向另一座新城市探索需要一定的费用（只有第一次探索需要费用），从攻略中小明知道了五座城市的关系和探索需要的费用，如下图所示。

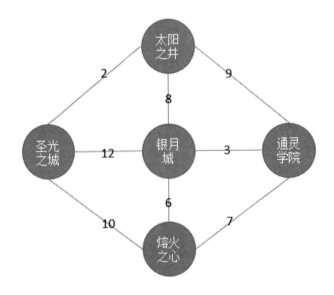

小明该选择哪些道路进行探索，才能使得费用最低呢？

我们来分析一下。

把城市进行编号，这实际上就是一个由 5 个顶点 8 条边组成的无向图，每条边都带有权值。

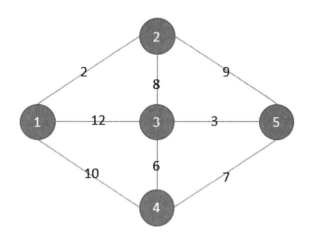

我们要探索 5 个城市，也就是要选择一些边，能将 5 个顶点全部连接起来，同时探索费用要最低，也就是所选边的权值要最小的。

我们先来想一个问题：要将 N 个点全部连接起来，最少需要多少条边？

大家应该很容易就得出答案，是 N-1 条边。

那么，N 个点用 N-1 条边连接得到一个图形，是一个什么结构的图形呢？

大家想想我们第 5 章学的树的定理，这就是一个树形结构图形。

所以现在的问题就变成了将一个有 N 个顶点的图变成一个有 N 个顶点的树，同时使得代价最低。这个问题就是经典的"图的最小生成树"问题。

解决最小生成树的算法，常用的算法有两种：Prim 算法、Kruskal 算法。

Prim 算法是从"顶点"角度考虑。Kruskal 算法是从"边"的角度考虑。我们来一一为大家作讲解。

6.4.1　Prim 算法

Prim 算法是从"顶点"角度考虑，用"蓝白点"的思想：白点代表该顶点已经加入最小生成树中，蓝点代表未加入最小生成树中。也就是 N 个顶点都要连接起来，初始化时 N 个顶点都为蓝点，当将所有蓝点都变成白点时，我们的最小生成树也就构造完成。

算法思路：

（1）我们将初始化所有蓝点到最小生成树的代价设为 Max。

（2）先随意从蓝点中选取一个顶点，加入最小生成树中，使其变成白点。

（3）然后更新所有与该白点连接的蓝点到最小生成树中的最低代价。

（4）再从蓝点中选择一个代价最低的，加入最小生成树，使其变成白点。

（5）不断循环（3）和（4），直到所有蓝点都变成白点。

我们将最小生成树的 Prim 算法具体步骤模拟一遍，求解一下上面问题的答案。

具体步骤：

第1步 将初始化所有蓝点到最小生成树的代价设为 Max。

Min [i]= ∞：表示顶点 i 到最小生成树的最低代价。

1	2	3	4	5
∞	∞	∞	∞	∞

第2步 先将 Min[1] 设置为 0，选取顶点 1（这个阶段可以随意选取）加入最小生成树中，使其变成白点。

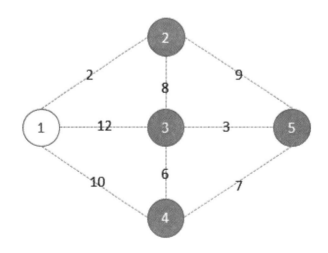

第3步 更新所有与顶点 1 连接的蓝点 2，3，4 到最小生成树中的最低代价。

1	2	3	4	5
0	2	12	10	∞

第4步 从蓝点中选择一个代价最低的顶点2，加入最小生成树，使其变成白点。

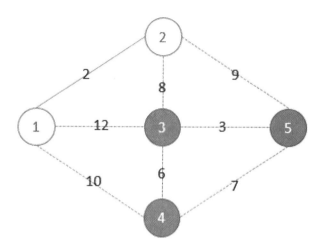

第5步 更新所有与顶点2连接的蓝点3，4，5到最小生成树中的最低代价（顶点1已经加入最小生成树中，无须更新）。

1	2	3	4	5
0	2	8	10	9

第6步 从蓝点中选择一个代价最低的顶点3，加入最小生成树，使其变成白点。

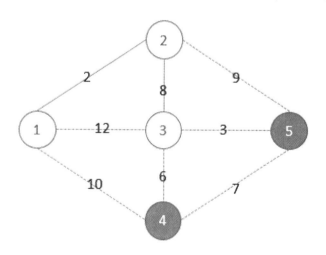

第7步 更新所有与顶点3连接的蓝点4，5到最小生成树中的最低代价（顶点1、2已经加入最小生成树中，无须更新）。

1	2	3	4	5
0	2	8	6	3

第8步 从蓝点中选择一个代价最低的顶点 5，加入最小生成树，使其变成白点。

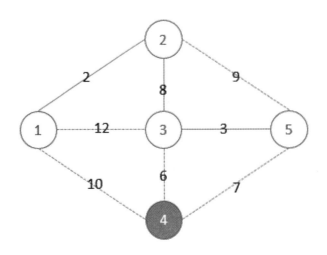

第9步 更新所有与顶点 5 连接的蓝点 4 到最小生成树中的最低代价（顶点 2、3 已经加入最小生成树中，无须更新），蓝点 4 到白点 5 的代价 7 比原先的最低代价 6 要高，也无须更新。

1	2	3	4	5
0	2	8	6	3

第10步 从蓝点中选择一个代价最低的顶点 4，加入最小生成树，使其变成白点。

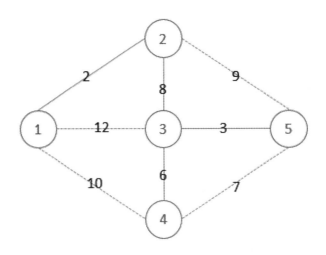

此时，我们已经将 5 个顶点都连接在一起，形成一棵最小生成树。而生成树的最低代价就是我们 Min 数组的和 0+2+8+6+3=19。

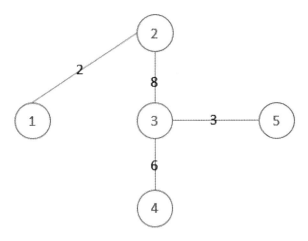

　　Prim 算法采取贪心算法的原理，每次选择一个代价最低的顶点进行连接，使其加入树中，n 次循环后，使得所有顶点都加入树中，最终我们得到的就是一棵最小生成树。

　　由于每次循环，我们都要遍历一次 n 个顶点，一共需要 n 次循环，所以最小生成树的 Prim 算法的时间复杂度为：$O(N^2)$。

　　【代码实现】

```cpp
#include<cstdio>
#include<iostream>
using namespace std;
int n,m;
bool flag[1000];   // 标记城市是否已经加入
int dist[1000];   // 记录城市加入所需的最短距离
int map[1000][1000];   // 地图信息
int cur;   // cur 表示当前这轮确定的城市
int mi;   // mi 表示当前这轮确定城市的最低成本
int total=0;   // 总成本
int main()
{
    int x,y,t;
    // 将 false 中的所有数据都初始化为 false
    memset(flag, false, sizeof(flag));
    // 将 dist 中的所有数据都初始化为最大值
    memset(dist, 0x7f, sizeof(dist));
    // 将 map 中的所有数据都初始化为最大值
    memset(map, 0x7f, sizeof(map));

    // 输入城市数量
    scanf("%d",&n);
    // 输入道路数
    scanf("%d",&m);

    // 初始化道路成本
    for ( int i=1; i<=m; i++)
    {
        scanf("%d%d%d",&x,&y,&t);
```

```
        map[x][y]=t;
        map[y][x]=t;
}

for ( int i=1; i<=m; i++)
 {
        dist[i]=map[1][i];
}

flag[1]=true;
for (int i=2;i<=n;i++)
{
        mi=0x7f;
        // 寻找这轮要加入的城市
        for (int j=1;j<=n;j++)
                // 如果城市还未加入，且成本最低
                if ( !flag[j] && mi>dist[j])
                {
                        mi=dist[j];
                        cur=j;
                }
        // 标记城市信息
        flag[cur]=true;
        // 累计总成本
        total+=mi;

        // 更新关联城市的最低成本
        for (int j=1;j<=n;j++)
                if ( !flag[j] && dist[j]>map[cur][j])
                {
                        dist[j]=map[cur][j];
                }

}

printf("%d\n", total);
return 0;
}
```

6.4.2 Kruskal 算法

与 Prim 算法不同的是，Prim 是以"顶点"为关键来生成最小树的，而 Kruskal 是以"边"为关键来生成最小树的，Kruskal 算法是巧妙地利用了并查集的思想来求最小生成树的算法。与 Prim 算法相同的是，Kruskal 算法也是利用了贪心算法。换言之，Kruskal 算法就是基于并查集的贪心算法。

其基本思想：按照权值从小到大的顺序选择 n-1 条边，并保证这 n-1 条边不构成回路。

具体做法：

（1）首先构造一个只含 n 个顶点的森林，即初始化时，认为每个点都是孤立的，分属于 n 个独立的集合。

（2）然后依权值从小到大将所有边排序。

（3）按从小到大的顺序枚举每一条边，如果这条边连接的两个顶点属于不同集合，那么就把这条边加入最小生成树，同时这两个不同集合就合并成一个集合（并查集思想）。如果这条边连接的两个顶点属于同一个集合，则跳过。

（4）直到选出 n-1 条边为止。

我们将最小生成树的 Prim 算法具体步骤模拟一遍，求解一下上面问题的答案。

具体步骤：

第 1 步　初始化，认为每一个顶点都是孤立的，分属于 n 个独立的集合。

集合	1	2	3	4	5

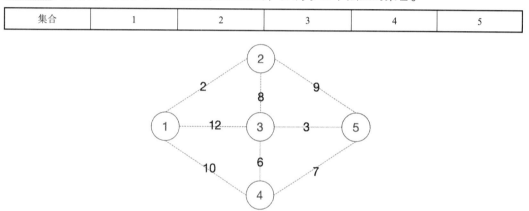

第 2 步　将所有边的权值按从小到大的顺序排列：2、3、6、7、8、9、10、12。

第 3 步　第一次循环，选取顶点 1 到顶点 2，权值为 2 的边，加入最小生成树，同时合并 1、2 所在集合。

集合	1、2		3	4	5

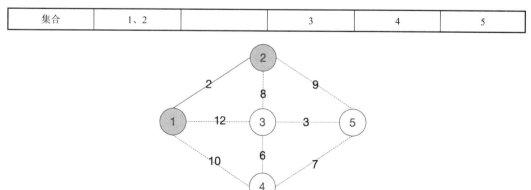

第4步 第二次循环，选取顶点3到顶点5，权值为3的边，加入最小生成树，同时合并3、5所在集合。

集合	1、2		3、5	4	

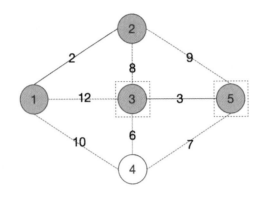

第5步 第三次循环，选取顶点3到顶点4，权值为6的边，加入最小生成树，同时合并3、4所在集合。

集合	1、2		3、5、4		

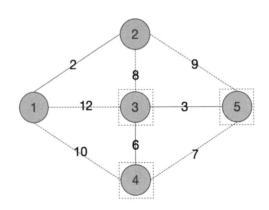

第6步 第四次循环，选取顶点4到顶点5，权值为7的边，由于4、5同属于一个集合，所以选择跳过，这条边不加入最小生成树。

第7步 第五次循环，选取顶点2到顶点3，权值为8的边，加入最小生成树，同时合并2、3所在集合。

集合	1、2、3、5、4				

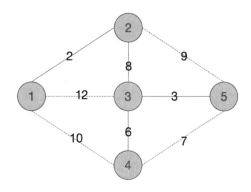

第8步 此时，四条边都选择完毕，最小生成树构造完成，跳出循环。前面此次选择边的权值分别是 2、3、6、8，所以最小生成树的代价是 2+3+6+8=19。

通过上面的模拟，我们能看到 Kruskal 算法采取贪心算法的原理，每次都选择一条最小的边，且能合并两个不同集合的边，一张 n 个顶点的图总共选取 n-1 次边。由于是贪心算法，每次选择的都是最优的，所以最后生成的树一定就是最小生成树。

Kruskal 算法枚举的是边，然后再判断边顶点的集合是否相同，所以最小生成树的 Kruskal 算法时间复杂度为：O(E * log E)，E 为边数。

【代码实现】

```
#include<cstdio>
#include<iostream>
using namespace std;
struct point
{
    int x;
    int y;
    int dist;
};
point a[1000];   // 表示每个路径信息
int pre[1000];   // pre[i] 表示 i 的祖宗顶点
int n,m;
int k=0;
int total=0;
int cmp(const point &a,const point &b)
{
    if (a.dist <b.dist) return 1;
           else return 0;
}
int findPre(int x)
{
    if (pre[x]==x)
    {
        return x;
    }else
    {
```

```
            pre[x]=findPre(pre[x]);
            return pre[x];
    }
}
void unionn(int x, int y)
{
    // 找 x 的祖宗顶点
    int x1=findPre(x);
    // 找 y 的祖宗顶点
    int y1=findPre(y);
    // 如果祖宗顶点不同，则合并
    if ( x1 != y1 )
    {
        pre[y1]=x1;
    }
}
int main()
{

    // 输入城市数量
    scanf("%d",&n);
    // 输入道路数
    scanf("%d",&m);

    for ( int i=1; i<=n; i++)
    {
            pre[i]=i;
    }

    // 初始化道路成本
    for ( int i=1; i<=m; i++)
    {
            scanf("%d%d%d",&a[i].x,&a[i].y,&a[i].dist);
    }


    // 排序
    sort(a+1,a+m+1,cmp);

    // 循环 m 条边
    for (int i = 1; i <= m; i++)
    {
            // 如果这条边连接的两个顶点不在一个集合，则选这条边
            if (findPre(a[i].x)!=findPre(a[i].y))
            {
                    printf("%d,%d--%d\n", a[i].x, a[i].y,a[i].dist);  // 打印选择
                    unionn(a[i].x, a[i].y);  // 合并集合
                    k++;  // 已选择边数 +1
                    total+=a[i].dist;  // 累计最优值
            }
            if ( k==n-1 ) break;  // 选完 n-1 条边，则退出循环
    }
    printf("%d\n", total);
    return 0;
}
```

第 7 章

探索地图每个角落

7.1 深度优先搜索

传说在圣光之城的地下埋藏着一个宝藏，能够找到地下城入口的人已经寥寥无几了，而地下城的迷宫又是错综复杂的，不仅道路分支多，各种障碍阻挡前进，还有各种高级别的BOSS，能直接秒杀玩家。小明经过几天摸索，终于找到了地下城入口，但是面对复杂的地下城，小明心里非常慌，宝箱的诱惑又非常大，小明一定要找到宝箱！

下图是小明和几个小伙伴一起绘制的地下城地图（这当然是简易版的，真正的地下城比这复杂多了！），小明所在的位置就是入口，墙壁的位置不能走，怪物能秒杀玩家，所以也不能走到怪物的位置，宝箱就在左下角位置。

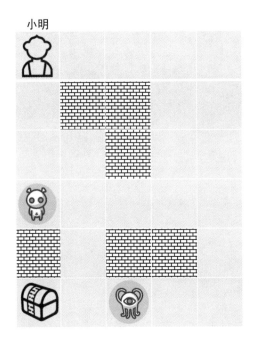

同学们，我们该走哪条路能绕开墙壁和怪物，找到宝箱呢？

我们回想一下 6.2 节的内容，在学习图论基础知识时，我们学到了图的遍历——深度优先搜索和广度优先搜索。而现在在我们面前的就是一张地图，我们可以用遍历图的方式，对地图进行深度优先搜索和广度优先搜索，小明所在的位置就是搜索的起点，宝箱所在位置就是搜索的终点。

　　首先，我们想将地图转换成计算机能识别的符号，"@"表示小明的位置，"*"表示宝箱的位置，"#"表示墙或者怪物的位置，"."表示可以通行的位置。地图用 6*5 的二维数组表示，所以小明现在的位置也就是起点位置是：（1，1），宝箱现在的位置，也就是终点位置是：（6，1）。

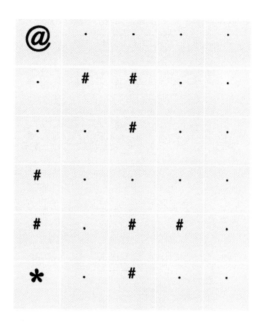

　　我们先用深度优先搜索来探索地图，在深度优先搜索时，我们按照右、下、左、上的顺时针顺序搜索（这个顺序，同学们可以自己选择）。我们知道深度优先搜索是基于"回溯"算法，用"回溯"算法探索地图基本思路如下：

　　（1）将走过的路标记为已走过；

　　（2）每一次都按顺序选择可以走的路走，已经走过的路就不再走了；

　　（3）如果走到死胡同（没有路可以选择了），则回退一步，继续选择；

　　（4）直到走到终点。

　　来吧，我们开始探索地图。

第1步 我们从（1，1）出发，先将其标记为已走过。

```
@  .  .  .  .
.  #  #  .  .
.  .  #  .  .
#  .  .  .  .
#  .  #  #  .
*  .  #  .  .
```

第2步 从（1，1）向右走到（1，2），将其标记为已走过。

```
.  @  .  .  .
.  #  #  .  .
.  .  #  .  .
#  .  .  .  .
#  .  #  #  .
*  .  #  .  .
```

第3步 从（1，2）向右走到（1，3），将其标记为已走过。

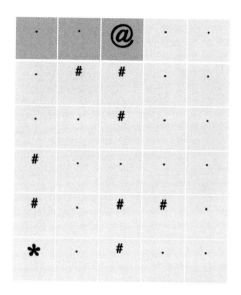

第4步 从（1，3）向右走到（1，4），将其标记为已走过。

第 5 步 从（1，4）向右走到（1，5），将其标记为已走过。

·	·	·	·	@
·	#	#	·	·
·	·	#	·	·
#	·	·	·	·
#	·	#	#	·
*	·	#	·	·

第 6 步 （1，5）右边已经超过边界，只能选择向下走，走到（2，5），将其标记为已走过。

·	·	·	·	·
·	#	#	·	@
·	·	#	·	·
#	·	·	·	·
#	·	#	#	·
*	·	#	·	·

第 7 步 （2，5）右边已经超过边界，只能选择向下走，走到（3，5），将其标记为已走过。

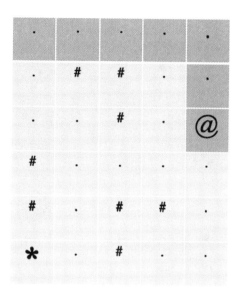

第 8 步 （3，5）右边已经超过边界，只能选择向下走，走到（4，5），将其标记为已走过。

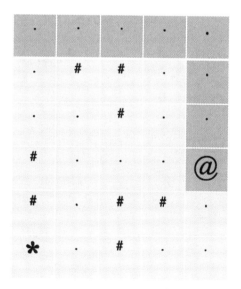

第 9 步 （4，5）右边已经超过边界，只能选择向下走，走到（5，5），将其标记为已走过。

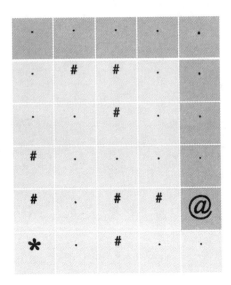

第 10 步 （5，5）右边已经超过边界，只能选择向下走，走到（6，5），将其标记为已走过。

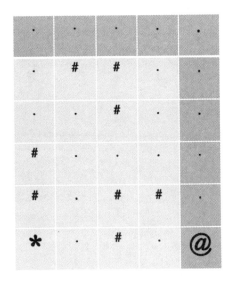

第 11 步 （6，5）右边已经超过边界，下边也已经超过边界，只能选择向左走，走到（6，4），将其标记为已走过。

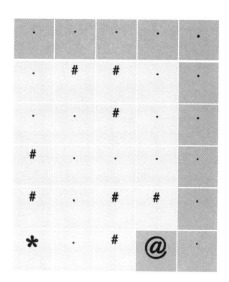

第 12 步 此时(6,4)右边被标记为已走过，下边也已经超过边界，左边是为障碍物无法走通，上边也是障碍物无法走通，此时(6,4)没有道路可以走，只能回溯到第 10 步(6,5)的位置。而此时回溯，不要清除（6，4）"已走过"的标识，否则，在（6，5）的位置还会选择向左走，从而进入死循环。

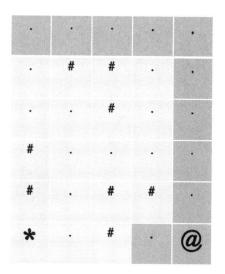

第 13 步 回溯到第 10 步(6,5)位置时,我们之前已经选择过右、下、左方向,都无法走通,只能再选择上方向,但由于上方向的(5,5)也已经走过,所以此时(6,5)也没有道路可以走,只能回溯到第 9 步(5,5)位置。

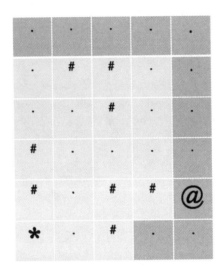

第 14 步 回溯到第 9 步(5,5)位置时,我们之前已经选择过右、下方向都无法走通,再选择左方向,左方向有障碍,无法走通,由于上方向的(4,5)也已经走过,所以此时(5,5)也没有道路可以走,只能回溯到第 8 步(4,5)位置。

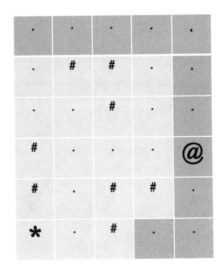

第15步 回溯到第 8 步（4，5）位置时，我们之前已经选择过右、下方向都无法走通，再选择左方向，到达（4，4）位置，将其标记已走过。

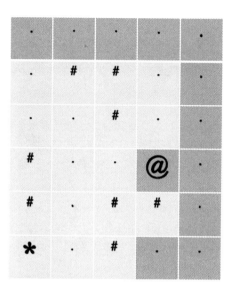

第16步 （4，4）右方向已经走过，下方向为障碍物位置，选择向左走到（4，3），将其标记为已走过。

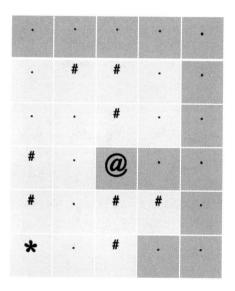

第17步 （4，3）右方向已经走过，下方向为障碍物位置，选择向左走到（4，2），将其标记为已走过。

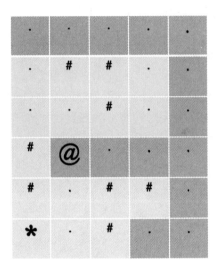

第18步 （4，2）右方向已经走过，选择向下走到（5，2），将其标记为已走过。

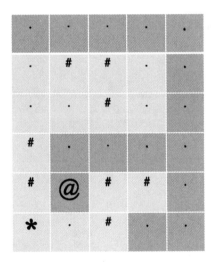

第19步 （5，2）右方向为障碍物，选择向下走到（6，2），将其标记为已走过。

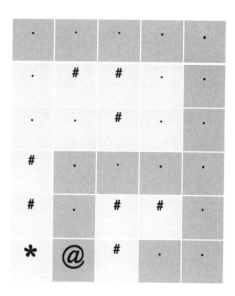

第20步 （6，2）右方向为障碍物，下方向已经超过边界，选择向左走到（6，1），将其标记为已走过。

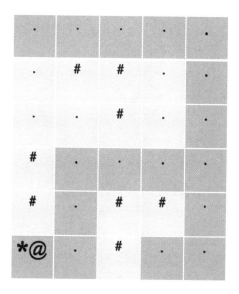

第21步 （6，2）右方向为障碍物，下方向已经超过边界，选择向左走到（6，1），将其标记为已走过。

第22步 此时我们发现我们所在的位置（6，1），和宝藏所在位置相同，意味着我们到达了搜索的终点，所以选择退出回溯。

从起点走到终点，一共用了14步，我们依次写出刚才深度优先搜索的路线：

$(1，1) \rightarrow (1，2) \rightarrow (1，3) \rightarrow (1，4) \rightarrow (1，5) \rightarrow (2，5) \rightarrow (3，5) \rightarrow (4，5)$
$\rightarrow (4，4) \rightarrow (4，3) \rightarrow (4，2) \rightarrow (5，2) \rightarrow (6，2) \rightarrow (6，1)$

下面给出深度优先搜索的回溯伪代码：

```
void DFS(int x 坐标，int y 坐标，int step 当前步数)
{
    // 将目前位置标记为已走过
    // 记录这一步的坐标
    // 判断，如果达到终点则返回
    // 未到终点则继续探索
    if（右边位置可以走）  DFS(x,y+1,step+1);
    if（下边位置可以走）  DFS(x+1,y,step+1);
    if（左边位置可以走）  DFS(x,y-1,step+1);
    if（上边位置可以走）  DFS(x-1,y,step+1);
}
```

【代码实现】

```
#include<cstdio>
#include<iostream>
using namespace std;
int n,m;  // 表示地图大小 N 行 M 列
int start_x,start_y;  // 表示起点坐标位置
int end_x,end_y;  // 表示终点坐标位置
int total_step;  // 表示总步数
int a[100],b[100];  // a[i],b[i] 表示第 i 步所走的坐标
int map[100][100];  // map[i][j] 表示地图信息
bool flag=false;  // 表示是否达到终点

void move(int x, int y, int step)
{
    // 标记经过的点
    map[x][y]=1;
    a[step]=x;
    b[step]=y;

    // 达到终点则返回
    if（x==end_x && y==end_y）
    {
        flag=true;
        total_step=step;
        return;
    }
    // 未到达终点则继续探索
```

```
        if ( y<m && map[x][y+1]==0 ) move(x,y+1,step+1);   // 向右走
        if ( !flag && x<n && map[x+1][y]==0 ) move(x+1,y,step+1);   // 向下走
        if ( !flag && y>1 && map[x][y-1]==0 ) move(x,y-1,step+1);   // 向左走
        if ( !flag && x>1 && map[x-1][y]==0 ) move(x-1,y,step+1);   // 向下走
}
int main()
{
    char s[100];
    // 输入地图的行数、列数
    scanf("%d%d",&n,&m);
    // 初始化地图信息
    for (int i=1; i<=n; i++){
        scanf("%s",s);
        for (int j=1; j<=m; j++)
        {
            map[i][j]=0;
            if (s[j-1]=='@')
            {
                start_x=i;
                start_y=j;
            } else if (s[j-1]=='*')
            {
                end_x=i;
                end_y=j;
            }else if (s[j-1]=='#')
            {
                map[i][j]=1;
            }
        }
    }
    move(start_x,start_y,1);
    // 无法达到终点
    if (!flag){
        printf("%s\n", "no way");
        return 0;
    }
    // 输出到达终点所经过的路径
    for (int i=1; i<=total_step; i++)
    {
        printf("%d,%d\n", a[i],b[i]);
    }
    return 0;
}
```

7.2 广度优先搜索

深度优先搜索地图是"不撞南墙不回头"的搜索，一条道走到黑，上面深度优先搜索的过程，如果我们按照"下、左、上、右"的顺序，可以少走很多弯路，更快找到宝箱。一般我们用深度优先搜索时，很少用在去求解最短距离情况，而是用在只要求求出解的情况。

下面我们尝试用图的另一种遍历方式——广度优先搜索来探索地图，看看有什么不同。

在 6.2 节中，我们介绍过广度优先搜索法是按层次遍历的方式进行搜索，而应用在地图探索时，我们可以基于起点进行放射扩散，直到扩散范围到达终点。

在实际算法中，我们需要借助"队列"来记录扩散范围，其基本思路如下：

（1）将起点 v0 放到队列中，队列指针指向队首；

（2）根据四个方向，依次访问与队列指针指向顶点相连接的，且可以走的顶点 v1、v2、v3、v4，将其标记为已走过，并依次放入队列；

（3）队列指针向后移动，不断循环第（2）步操作，直到队首指针和堆尾指针相遇（表示所有顶点都被访问过）；

（4）如果访问的顶点和目标顶点相同，则提前退出循环，打印访问路径。

现在，我们用广度优先搜索来探索一次地图。

第1步 将起点放入队列，队列指针指向队首，并标记为已走过。

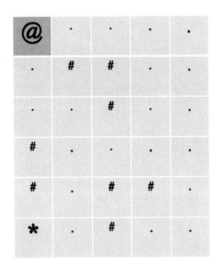

第2步 获取队首指针顶点（1，1），其四个方向中，左、上方向已经超过边界，有右、下方向两个顶点可以走，将这两个顶点（1，2）、（2，1）加入队列中，并标记为已访问。

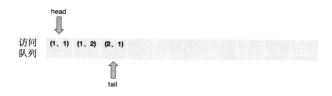

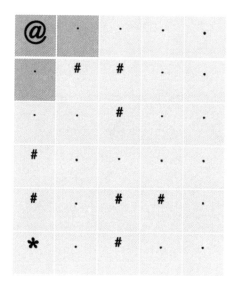

第3步 队首指针向后移动一位，获取顶点（1，2），其四个方向中，左方向已经访问过，下方向无法到达，上方向超过边界，只有右方向结点可以访问，将右方向顶点（1，1）加入队列中，并标记为已访问。

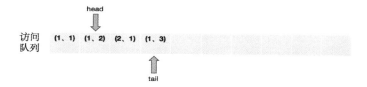

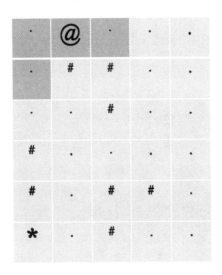

第4步 队首指针向后移动一位，获取顶点（2，1），其四个方向中，上方向已经访问过，右方向无法到达，左方向超过边界，只有下方向顶点可以访问，将下方向顶点（3，1）加入队列中，并标记为已访问。

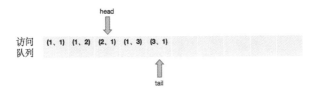

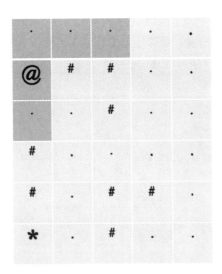

第5步 队首指针向后移动一位，获取顶点（1，3），其四个方向中，左方向已经访问过，下方向无法到达，上方向超过边界，只有右方向顶点可以访问，将右方向顶点（1，4）加入队列中，并标记为已访问。

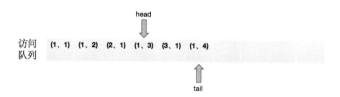

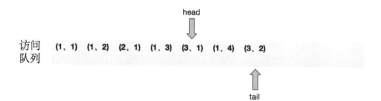

第6步 队首指针向后移动一位，获取顶点（3，1），其四个方向中，上方向已经访问过，下方向无法到达，左方向超过边界，只有右方向顶点可以访问，将右方向顶点（3，2）加入队列中，并标记为已访问。

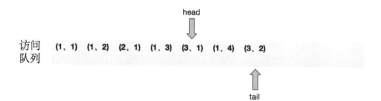

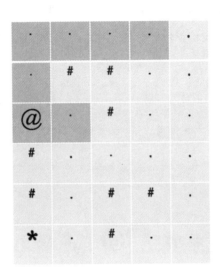

第7步 队首指针向后移动一位，获取顶点（1，4），其四个方向中，左方向已经访问过，上方向超过边界，有右、下方向两个顶点可以访问，将两个顶点（1，5）、（2，4）加入队列中，并标记为已访问。

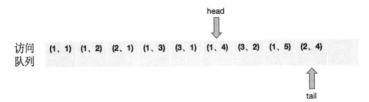

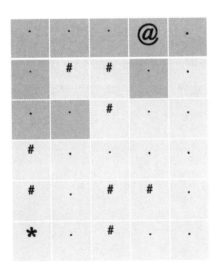

第8步 队首指针向后移动一位，获取顶点（3，2），其四个方向中，左方向已经访问过，上、右方向无法到达，只有下方向顶点可以访问，将下方向顶点（4，2）加入队列中，并标记为已访问。

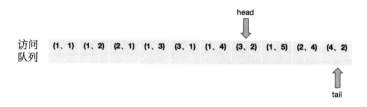

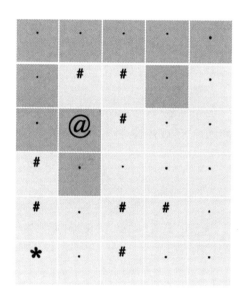

第9步 队首指针向后移动一位，获取顶点（1，5），其四个方向中，左方向已经访问过，上、右方向超过边界，只有下方向顶点可以访问，将下方向顶点（2，5）加入队列中，并标记为已访问。

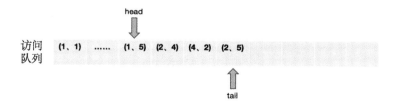

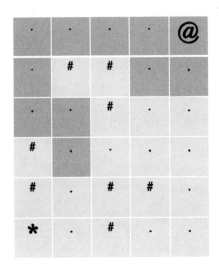

第10步 队首指针向后移动一位，获取顶点（2，4），其四个方向中，上、右方向已经访问过，左方向无法到达，只有下方向顶点可以访问，将下方向顶点（3，4）加入队列中，并标记为已访问。

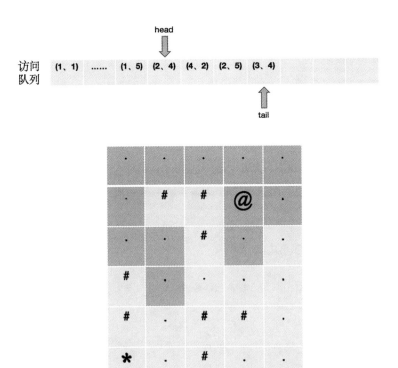

(第 11 步) 队首指针向后移动一位，获取顶点（4，2），其四个方向中，上方向已经访问过，左方向无法到达，有右、下方向两个顶点可以访问，将两个顶点（4，3）、（5，2）加入队列中，并标记为已访问。

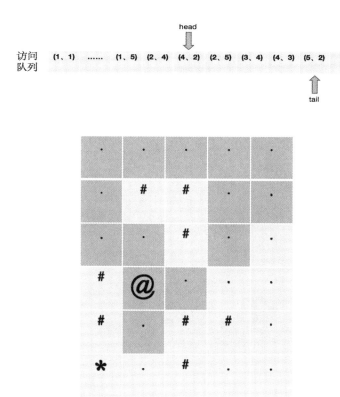

(第 12 步) 队首指针向后移动一位，获取顶点（2，5），其四个方向中，上、左方向已经访问过，右方向超过边界，只有下方向顶点可以访问，将下方向顶点（3，5）加入队列中，并标记为已访问。

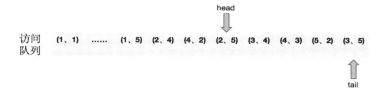

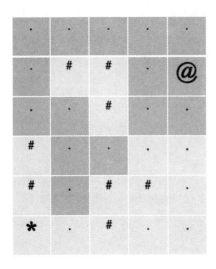

第13步 队首指针向后移动一位，获取顶点（3，4），其四个方向中，上、右方向已经访问过，左方向无法到达，只有下方向顶点可以访问，将下方向顶点（4，4）加入队列中，并标记为已访问。

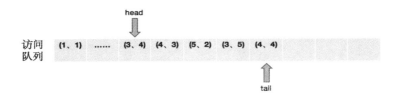

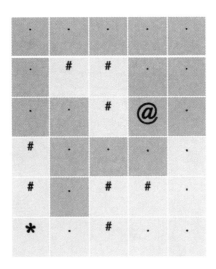

第 14 步 队首指针向后移动一位，获取顶点（4，3），其四个方向中，左、右方向已经访问过，上、下方向都无法到达，没有顶点可以访问，所以没有新顶点加入队列。

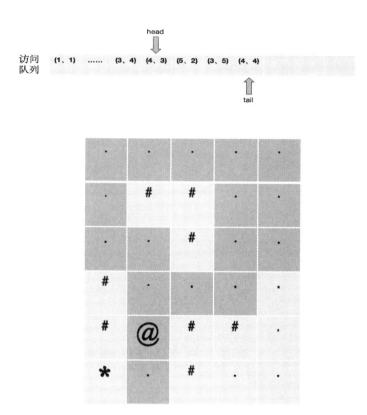

第 15 步 队首指针向后移动一位，获取顶点（5，2），其四个方向中，上方向已经访问过，左、右方向无法到达，只有下方向顶点可以访问，将下方向顶点（6，2）加入队列中，并标记为已访问。

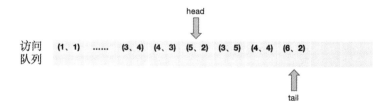

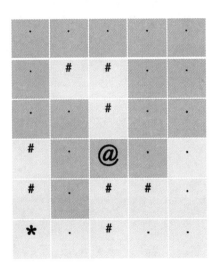

第16步 队首指针向后移动一位，获取顶点（3，5），其四个方向中，左、上方向已经访问过，右方向超过边界，只有下方向顶点可以访问，将下方向顶点（4，5）加入队列中，并标记为已访问。

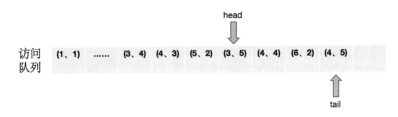

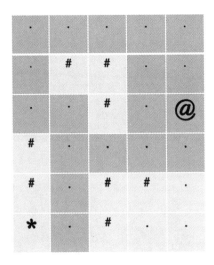

第17步 队首指针向后移动一位，获取顶点（4，4），其四个方向中，上、左、右方向已经访问过，下方向都无法到达，没有顶点可以访问，所以没有新顶点加入队列。

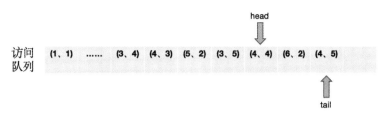

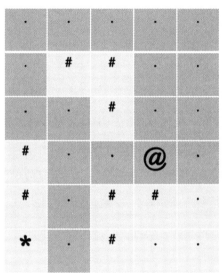

第18步 队首指针向后移动一位，获取顶点（6，2），其四个方向中，上方向已经访问过，下方向超过边界，右方向无法访问，只有左方向顶点可以访问，将左方向顶点（6，1）加入队列中，并标记为已访问。

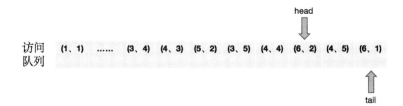

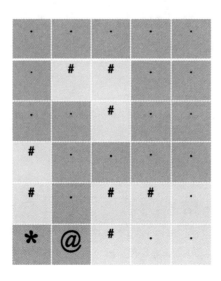

第19步 此时，我们发现新加入的顶点（6，1）和宝藏所在位置相同，意味着我们探索到了终点位置，所以可以提前退出循环，不再进行探索。

从模拟过程图中我们可以看出，探索的范围一步一步呈放射性扩大，直到探索的"圆"把终点包围起来。在使用广度优先探索时，需要注意以下几点。

（1）每次新加入的顶点必须是新结点，以免出现重复顶点，浪费时间与空间，甚至还有可能出现死循环。

（2）如果目标顶点的深度与探索费用（这里指路径长度）成正比，那么找到的第一个解即是最优解（相信我们以起点作为圆心，向外放射性扩散，到达终点时的距离一定就是最优距离），此时我们一般建议用广度优先搜索；反之，如果目标顶点深度与探索费用不成反比，那第一次找到的解就不一定是最优解。广度优先搜索和深度优先搜索都能将所有解找出来，上面场景中，我们只是找到了第一个解就退出了。

（3）广度优先搜索的效率与深度优先搜索效率相比，并不具备一定的优势。如果目标深度较浅，广度优先搜索有可能更快探索到目标；如果目标深度处于比较深的层次，广度优先搜索的顶点数基本上以指数形式增长，而深度优先搜索如果算法加以优化，可能更快探索到目标顶点。

（4）广度优先搜索时，每加入一个顶点时，需要记录其上一个顶点（父亲顶点）的指针位置。当求出解时，通用逆向跟踪，从目标结点出发，不断向上找父亲顶点，直到根结点，然后递归输出路径。

下图是根据广度优先搜索生成的搜索树。搜索树上顶点表示地图的坐标，每个顶点左上角的数字表示队列扩展的顺序。从图中可以看出以下信息。

（1）扩展了 19 个顶点，意味着我们探索了地图的 19 个位置。

（2）每个顶点的父顶点，表示走到该顶点的上一步顶点位置；目标顶点的队列序号是 19，其父顶点依次是 17→14→10→7→5→3→1，再反向输出就是从起点走到目标位置，经过的路径：（1，1）→（2，1）→（3，1）→（3，2）→（4，2）→（5，2）→（6，2）→（6，1）。

（3）从树的层次来看，目标顶点位于第 8 层，意味着我们用了 8 步就能从起点走到终点。同时也能看出，不存在有更短路径的解。

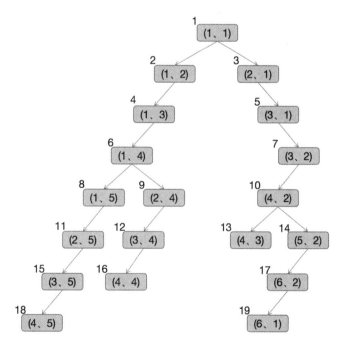

我们再看一下广度优先搜索的核心伪代码：

```
Int BFS(){
    初始化，起点加入队列;
    队首指针 =0; 堆尾指针 =1;
    do {
        队首指针 head++;
        for (int i=1; i <= 规则数; i++){
            if( 子顶点符合加入条件){
```

```
                    标记子顶点；
                    堆尾指针 tail++；
                    子顶点加入队列；
                    记录该子顶点的父顶点，用于路径输出；
                    if （新顶点是目标顶点） 退出；
                }
            }
    }while (head<tail)
}
```

【代码实现】

```
#include<cstdio>
#include<iostream>
using namespace std;
int n,m;  // 表示地图大小 N 行 M 列
int start_x,start_y;  // 表示起点坐标位置
int end_x,end_y;  // 表示终点坐标位置
int total_step;  // 表示总步数
int a[100],b[100];  // a[i],b[i] 表示可走到的结点队列
int pre[100];  // pre[i] 表示 i 的上一步结点为 pre[i]
int map[100][100];  // map[i][j] 表示地图信息
bool flag=false;  // 表示是否达到终点
int head=0;  // 队列头指针
int tail=0;  // 队列尾指针
int xi[4]={0,1,0,-1},  // xi, yi 表示四个方向的坐标变化
    yi[4]={1,0,-1,0};
int x,y;

void printPath(int i)
{
    // 递归至起点，则开始打印路径
    if (i==0) return;
    // 往上递归上一步路径
    printPath(pre[i]);
    // 打印当前坐标
    printf("%d,%d\n", a[i],b[i]);
}
int main()
{
    char s[100];
    // 输入地图的行数、列数
    scanf("%d%d",&n,&m);
    // 初始化地图信息
    for (int i=1; i<=n; i++){
        scanf("%s",s);
        for (int j=1; j<=m; j++)
        {
            map[i][j]=0;
            if (s[j-1]=='@')
            {
                start_x=i;
                start_y=j;
            } else if (s[j-1]=='*')
            {
                end_x=i;
                end_y=j;
```

```
            }else if (s[j-1]=='#')
            {
                map[i][j]=1;
            }
        }
    }

    // 初始化第一步
    map[start_x][start_y]=1;   // 坐标设置为已走过
    tail++;   // 堆尾指针 +1, 坐标入队
    a[tail]=start_x;   // x 坐标放入可达队列, 入队
    b[tail]=start_y;   // y 坐标放入可达队列, 入队
    pre[tail]=0;   // 起始位置上一步设置为 0

    // 如果队列不为空, 表示可走到的坐标还没走过
    while ( head!=tail ){
        // 走访过的坐标, 即出队
        head++;
        // 尝试探索四个方向
        for ( int i=0; i<=3;i++){
            // 下一步坐标
            x=a[head]+xi[i];
            y=b[head]+yi[i];
            // 如果可以到达
            if ( x>0  && x<=n && y>0 && y<=m && map[x][y]==0)
            {
                map[x][y]=1;   // 坐标设置为已走过
                tail++;   // 堆尾指针 +1, 坐标入队
                a[tail]=x;   // x 坐标放入可达队列, 入队
                b[tail]=y;   // y 坐标放入可达队列, 入队
                pre[tail]=head;   // 记录上一步位置
                // 如果达到终点
                if ( x==end_x && y==end_y)
                {
                    flag=true;
                    break;
                }
            }
        if (flag)  break;
        }
    }
    // 无法达到终点
    if (!flag){
        printf("%s\n", "no way");
        return 0;
    }
    // 递归输出到达终点所经过的路径
    printPath(tail);

    for (int i=1; i<=tail;i++){
            printf("%d,%d->", a[i],b[i]);

    }

    return 0;
}
```

在上面代码中，我们的探索规则数是 4，也就是朝着四个方向探索，我们定义了 int xi[4]={0,1,0,-1}，yi[4]={1,0,-1,0} 两个一维数组，通用 x[i],y[i] 来实现四个方向的位移操作。例如当前位置在（1，1）时，我们通过加上横坐标 +xi[1]，纵坐标 +yi[1]，得出（1，2），就得到了向右移动一步的坐标位置。这样的编程小技巧虽然不能称得上算法，但在我们实际编程中却能举重若轻，大家要学会善于利用、制造这类"四两拨千斤"的编程小技巧。

第 8 章

快逃命去吧

8.1 拓扑排序

进入游戏后我们要做的第一件事就是参与任务，将任务推进的过程是我们了解游戏世界的过程，也是我们在游戏初期提升等级的主要玩法。在游戏中，我们需要完成各种主线任务、支线任务，主线任务是游戏进行中必须要完成的任务，只有提交主线任务后，才能进入下个场景或获得任务，所以主线任务必须要做。

游戏中的主线任务和支线任务的数量在一开始的时候往往会比较多，我们完成主线任务要按照一定的脉络进行，不然会陷入到处跑图，浪费时间的境地。

小明按照游戏任务池里的任务顺序，梳理出了下面这张任务图。例如，小明要完成"学习回城"任务的话，就必须先完成"猎人训练营""小试身手""寻找炉石"三个前序任务。

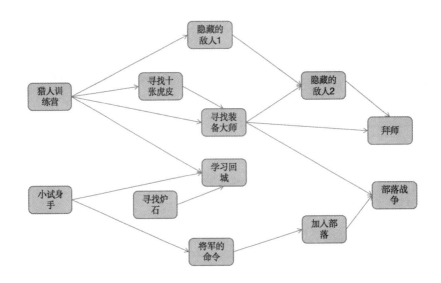

那么我们怎么安排任务的顺序，才能使得开始每个任务时，它的所有前序任务都已经完成。

我们先将任务用 1 ~ 12 个编号表示，这实际上就是一张有向图。在日常生活中，人们常用有向图来描述和分析一项工程的计划和实施过程，一个工程常被分为多个小的子工程，这些子工程被称为活动（Activity），在有向图中若以顶点表示活动，有向边表示活动之间的先后关系，这样的图简称为 AOV 网。

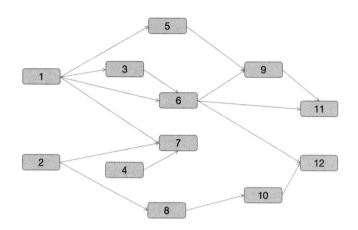

在 AOV 网中，有向边代表子工程的先后顺序，我们把一条有向边起点的活动称为终点活动的前驱活动，同理，终点的活动称为起点活动的后继活动。只有当一个活动所有前驱全都完成之后，这个活动才能进行。

一个 AOV 网一定是一个有向无环网，即图中不能带有回路，否则会出现先后关系自相矛盾。

把 AOV 网中的所有活动排出一个序列，使得每个活动的前驱活动都排在该活动的前面，这个排序过程称为"拓扑排序"，这种序列就称为"拓扑序列"。

从"拓扑排序"的定义可以看出，一个有向图的拓扑序列是不唯一的。例如上述的任务图中，我们可以先做 1 号任务，也可以先做 2 号任务，还可以先做 4 号任务，因为它们都没有前序任务。

构造拓扑序列可以帮助我们合理地安排一个工程或者任务的进度，由 AOV 网构造的拓扑序列具有很高的实际应用价值。

所以，我们要按顺序完成任务池的任务，只要将任务进行"拓扑排序"，得出它的"拓扑序列"就是我们做任务的顺序。

构造拓扑序列的拓扑排序算法思路也很简单。

（1）计算出有向图中所有顶点的入度。

（2）选择一个入度为 0 的顶点输出。

（3）从 AOV 网中删除该顶点，同时删除以该顶点为起点的边，即该顶点有向边所指向

的终点顶点入度 -1。

（4）重复（2）（3）两步，直到不存在入度为 0 的顶点为止。

（5）如果输出的顶点个数小于 AOV 网中的顶点数，则表示"存在回路"；否则输出的顶点序列就是这张 AOV 网的一种拓扑序列。

从第（5）步可以看出，拓扑排序还可以用来判断一张有向图是否有环，只有有向无环图才存在拓扑序列。

上述算法中，我们可以采用栈来管理入度为 0 的顶点，栈中的顶点都是入度为 0 的顶点。

具体过程，我们来模拟一下。

第1步 初始化，先计算出所有顶点的入度（顶点左上角数字表示该顶点的入度）。

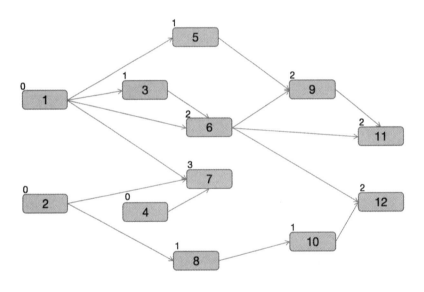

第2步 将入度为 0 的顶点 1、2、4 依次入栈（入栈顺序不唯一）。

第3步 栈顶元素 4 出栈，同时删除以 4 顶点为起点的边，所关联的终点顶点 7 的入度 -1。

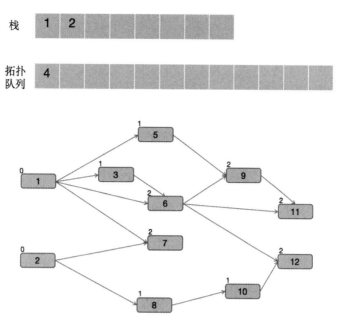

第4步 此时没有顶点入度变为 0，无顶点入栈。

第5步 栈顶元素 2 出栈，同时删除以 2 顶点为起点的边，所关联的终点顶点 7、8 的入度 −1。

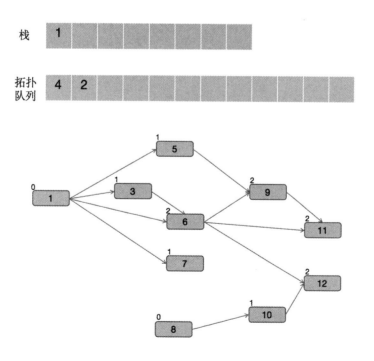

第6步 顶点8的入度变为0，将顶点8压入栈。

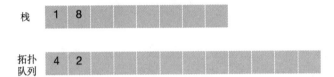

第7步 栈顶元素8出栈，同时删除以8顶点为起点的边，所关联的终点顶点10的入度 −1。

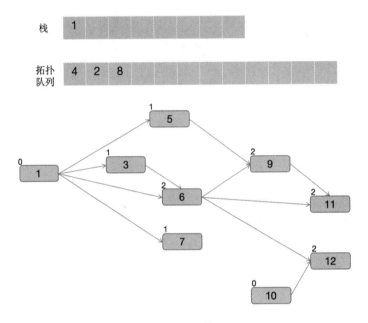

第8步 顶点10的入度变为0，将顶点10压入栈。

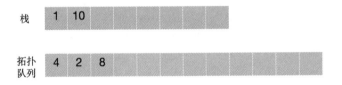

第9步 栈顶元素10出栈，同时删除以10顶点为起点的边，所关联的终点顶点12的入度 −1。

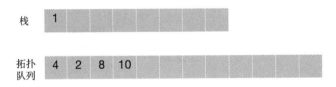

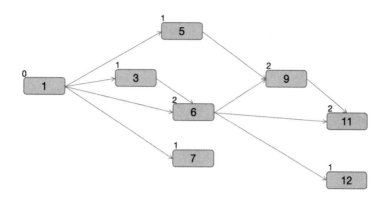

【第 10 步】 此时没有顶点入度变为 0，无顶点入栈。

【第 11 步】 栈顶元素 1 出栈，同时删除以 1 顶点为起点的边，所关联的终点顶点 5、3、6、7 的入度 −1。

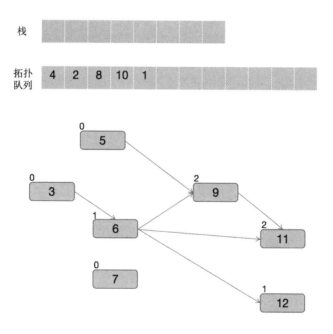

【第 12 步】 顶点 5、3、7 的入度变为 0，将顶点 5、3、7（顺序不唯一）依次压入栈。

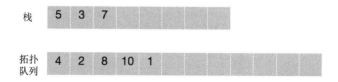

第 13 步 栈顶元素 7 出栈，同时删除以 7 顶点为起点的边，7 顶点没有关联边，无顶点入栈。

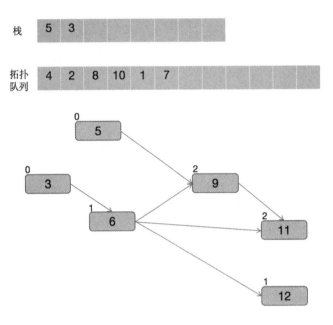

第 14 步 栈顶元素 3 出栈，同时删除以 3 顶点为起点的边，所关联的终点顶点 6 的入度 −1。

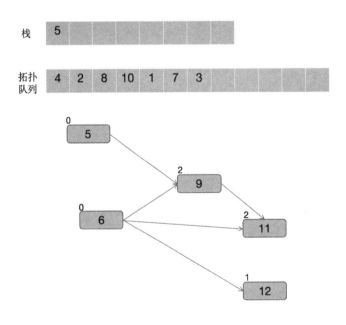

第 15 步 顶点 6 的入度变为 0，将顶点 6 压入栈。

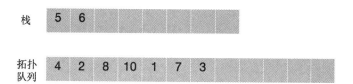

第 16 步 栈顶元素 6 出栈，同时删除以 6 顶点为起点的边，所关联的终点顶点 9、11、12
的入度 −1。

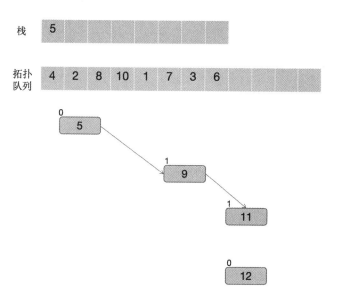

第 17 步 顶点 12 的入度变为 0，将顶点 12 压入栈。

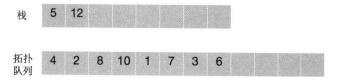

第 18 步 栈顶元素 12 出栈，同时删除以 12 顶点为起点的边，12 顶点没有关联边，无顶点
入栈。

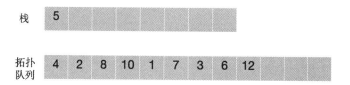

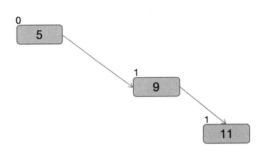

第19步 栈顶元素5出栈，同时删除以5顶点为起点的边，所关联的终点顶点9的入度 −1。

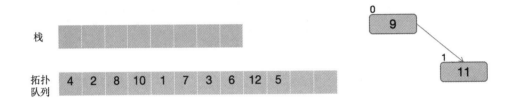

第20步 顶点9的入度变为0，将顶点9压入栈。

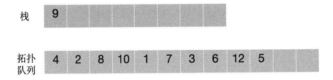

第21步 栈顶元素9出栈，同时删除以9顶点为起点的边，所关联的终点顶点11的入度 −1。

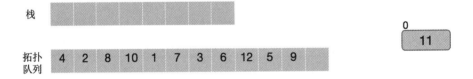

第22步 顶点11的入度变为0，将顶点11压入栈。

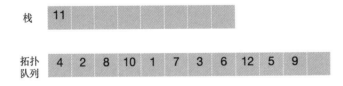

第23步 栈顶元素11出栈，同时删除以11顶点为起点的边，11顶点没有关联边，无顶点入栈。

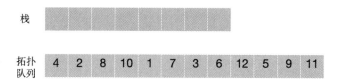

栈

拓扑
队列

| 4 | 2 | 8 | 10 | 1 | 7 | 3 | 6 | 12 | 5 | 9 | 11 |

第 24 步　此时拓扑队列中顶点个数等于有向图的顶点个数，退出循环，拓扑排序完成；得到最终的拓扑队列为：4、2、8、10、1、7、3、6、12、5、9、11。

【算法实现】

```cpp
#include<cstdio>
#include<iostream>
#include<stack>

using namespace std;
int map[100][100];  // map[i][j] 表示 i 结点的第 j 条表所指向的结点
int in[100];  // 入度
int out[100];  // 出度
stack<int> s;  // 栈
int n,m;  // 顶点数和边数
int main()
{

    // 将 map 中的所有数据都初始化为 0
    memset(map, 0, sizeof(map));
    // 将 in 中的所有数据都初始化为 0
    memset(in, 0, sizeof(in));
    // 将 out 中的所有数据都初始化为 0
    memset(out, 0, sizeof(out));
    // 输入顶点数和边数
    scanf("%d%d",&n,&m);

    int x,y;
    for(int i = 1; i <= m; i++){
        scanf("%d%d",&x,&y);  // 输入有向边的起点和终点
        out[x]++;  // x 结点出度 +1
        map[x][out[x]] = y;  // 表示顶点 x 第 out[x] 条边指向 y
        in[y]++;  // y 结点入度 +1
    }

    for(int i = 1; i <= n; i++){
        if ( in[i] == 0 )
            s.push(i);  // 将图中入度为 0 的点压入栈
    }

    int top;  // 栈顶元素
    int num=0;  // 已输出结点数
    do{
        top = s.top();  // 取出栈顶元素
        s.pop();
        printf("%d\n", top);
        num++;
        for(int i = 1; i <= out[top]; i++){
            in[map[top][i]]--;  // top 结点指向的 map[top][i] 结点入度 -1
```

```
                    if (in[map[top][i]] == 0){   // 如果入度为0，则压入栈
                        s.push(map[top][i]);
                    }
            }
    }while (num !=n);

    return 0;
}
```

8.2 最短路径

由于小明挖出了圣光之城的地下宝藏，触发了宝藏的机关，地下城马上就要坍塌了。现在必须要用最快的时间逃出地下城才行，否则人和宝藏都将被重新埋在地下城里。小明现在所在的位置是地下城的 1 号洞口位置，地下城的出口在 5 号洞口，每个洞口间距离如下图所示。

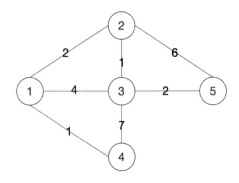

那么小明要从 1 号洞口跑到 5 号洞口的话，所要经过的最短路径是哪条？最短路径的长度又是多少呢？

地下城的地图是一张带权无向图，要求出两点之间的最短路径，我们有四种算法可以解决。分别是 Floyd 算法、Dijkstra 算法、Ford 算法、SPFA 算法，每个算法的时间复杂度、适用类型都有所不同，我们先来学一习下这四套算法，再分析一下它们的异同点。

8.2.1 Floyd 算法

Floyd 算法（Floyd-Warshall algorithm）又称为弗洛伊德算法、插点法，是解决给定的加权图中顶点间的最短路径的一种算法，可以处理有向图或负权的最短路径问题，同时也经常

被用于计算有向图的传递闭包。该算法名称以创始人之一、1978 年图灵奖获得者、斯坦福大学计算机科学系教授罗伯特·弗洛伊德命名。

Floyd 算法核心思想是动态规划，是一个经典的动态规划算法。

其算法思路是任意顶点 i 到 j 的最短路径只有两种可能：

● 直接从顶点 i 走到顶点 j；

● 顶点 i 先经过顶点 k，再从 k 到达顶点 j（i 到 k，k 到 j 之间可能经过了若干个顶点）。

我们用 dist[i][j] 表示顶点 i 到 j 的最短路径，对于每条路径，我们枚举所有的顶点 k，检查是否存在一个 k，使得：

i 到 k 的最短路径 dist[i][k]+k 到 j 的最短路径 dist[k][j] < i 到 j 的最短路径 dist[i][j]，

如果存在，则更新 dist[i][j]=dist[i][k]+dist[k][j]；

动态规划推导公式为：

dist[i][j]=min{dist[i][j], dist[i][k]+dist[k][j]}，其中 $0 \leqslant k \leqslant$ 顶点数

我们来模拟一下求圣光之城地下城逃跑的最短路线。

第 1 步　初始化，我们用一张 5×5 的二维数组来存储原始的图信息：

顶点 1 到顶点 2 原始距离是 dist[1][2]=2，因为是无向图，所以顶点 2 到顶点 1 的原始距离是 dist[1][1]=2；顶点 1 到顶点 5 没有原始路径，所以 dist[1][5]=dist[5][1]= ∞；另外任意顶点到自身不用经过其他路径，所以 dist[1][1]=dist[2][2]…=dist[5][5]=0。

	1	2	3	4	5
1	0	2	4	1	∞
2	2	0	1	∞	6
3	4	1	0	7	2
4	1	∞	7	0	∞
5	∞	6	2	∞	0

第2步 我们先用顶点 1 作为过渡顶点 k，我们计算一下所有 dist[i][1]+dist[1][j] 的值（其中我们优化计算方式，i=j 或者 i=k 或者 j=k 的，我们不用计算，大家想想是为什么？）：

顶点 2 到顶点 3：dist[2][1]+dist[1][3]=6；

顶点 2 到顶点 4：dist[2][1]+dist[1][4]=3；

顶点 2 到顶点 5：dist[2][1]+dist[1][5]=∞；

顶点 3 到顶点 2：dist[3][1]+dist[1][2]=6；

顶点 3 到顶点 4：dist[3][1]+dist[1][4]=5；

顶点 3 到顶点 5：dist[3][1]+dist[1][5]=∞；

顶点 4 到顶点 2：dist[4][1]+dist[1][2]=3；

顶点 4 到顶点 3：dist[4][1]+dist[1][3]=5；

顶点 4 到顶点 5：dist[4][1]+dist[1][5]=∞；

顶点 5 到顶点 2：dist[5][1]+dist[1][2]=∞；

顶点 5 到顶点 3：dist[5][1]+dist[1][3]=∞；

顶点 5 到顶点 4：dist[5][1]+dist[1][4]=∞；

将计算出的结果与原始二维数组中的路径对比，路径更短的有：

dist[2][1]+dist[1][4]<dist[2][4]

dist[3][1]+dist[1][4]<dist[3][4]

dist[4][1]+dist[1][2]<dist[4][2]

dist[4][1]+dist[1][3]<dist[4][3]

最后，我们更新二维数组的路径：

	1	2	3	4	5
1	0	2	4	1	∞
2	2	0	1	3	6
3	4	1	0	5	2
4	1	3	5	0	∞
5	∞	6	2	∞	0

第 3 步 继续枚举顶点 2 作为过渡顶点 k，我们计算所有 dist[i][2]+dist[2][j] 的值：

顶点 1 到顶点 3：dist[1][2]+dist[2][3]=3；

顶点 1 到顶点 4：dist[1][2]+dist[2][4]=5；

顶点 1 到顶点 5：dist[1][2]+dist[2][5]=8；

顶点 3 到顶点 1：dist[3][2]+dist[2][1]=3；

顶点 3 到顶点 4：dist[3][2]+dist[2][4]=4；

顶点 3 到顶点 5：dist[3][2]+dist[2][5]=7；

顶点 4 到顶点 1：dist[4][2]+dist[2][1]=5；

顶点 4 到顶点 3：dist[4][2]+dist[2][3]=4；

顶点 4 到顶点 5：dist[4][2]+dist[2][5]=9；

顶点 5 到顶点 1：dist[5][2]+dist[2][1]=8；

顶点 5 到顶点 3：dist[5][2]+dist[2][3]=7；

顶点 5 到顶点 4：dist[5][2]+dist[2][4]=9。

将计算出的结果与原始二维数组中的路径对比，路径更短的有：

dist[1][2]+dist[2][3]<dist[1][3]

dist[1][2]+dist[2][5]<dist[1][5]

dist[3][2]+dist[2][1]<dist[3][1]

dist[3][2]+dist[2][4]<dist[3][4]

dist[4][2]+dist[2][3]<dist[4][3]

dist[4][2]+dist[2][5]<dist[4][5]

dist[5][2]+dist[2][1]<dist[5][1]

dist[5][2]+dist[2][4]<dist[5][4]

最后，我们更新二维数组的路径。

	1	2	3	4	5
1	0	2	3	1	8
2	2	0	1	3	6
3	3	1	0	4	2
4	1	3	4	0	9
5	8	6	2	9	0

第 4 步 继续枚举顶点 3 作为过渡顶点 k，我们计算所有 dist[i][3]+dist[3][j] 的值：

顶点 1 到顶点 2：dist[1][3]+dist[3][2]=4；

顶点 1 到顶点 4：dist[1][3]+dist[3][4]=7；

顶点 1 到顶点 5：dist[1][3]+dist[3][5]=5；

顶点 2 到顶点 1：dist[2][3]+dist[3][1]=4；

顶点 2 到顶点 4：dist[2][3]+dist[3][4]=5；

顶点 2 到顶点 5：dist[2][3]+dist[3][5]=3；

顶点 4 到顶点 1：dist[4][3]+dist[3][1]=7；

顶点 4 到顶点 2：dist[4][3]+dist[3][2]=5；

顶点 4 到顶点 5：dist[4][3]+dist[3][5]=6；

顶点 5 到顶点 1：dist[5][3]+dist[3][1]=5；

顶点 5 到顶点 2：dist[5][3]+dist[3][2]=3；

顶点 5 到顶点 4：dist[5][3]+dist[3][4]=6。

将计算出的结果与原始二维数组中的路径对比，路径更短的有：

dist[1][3]+dist[3][5]<dist[1][5]

dist[2][3]+dist[3][5]<dist[2][5]

dist[4][3]+dist[3][5]<dist[4][5]

dist[5][3]+dist[3][1]<dist[5][1]

dist[5][3]+dist[3][2]<dist[5][2]

dist[5][3]+dist[3][4]<dist[5][4]

最后，我们更新二维数组的路径。

第 5 步 继续枚举顶点 4 作为过渡顶点 k，我们计算所有 dist[i][4]+dist[4][j] 的值：

顶点 1 到顶点 2：dist[1][4]+dist[4][2]=4；

顶点 1 到顶点 3：dist[1][4]+dist[4][3]=5；

顶点 1 到顶点 5：dist[1][4]+dist[4][5]=7；

顶点 2 到顶点 1：dist[2][4]+dist[4][1]=4；

顶点 2 到顶点 3：dist[2][4]+dist[4][3]=7；

顶点 2 到顶点 5：dist[2][4]+dist[4][5]=9；

顶点 3 到顶点 1：dist[3][4]+dist[4][1]=5；

顶点 3 到顶点 2：dist[3][4]+dist[4][2]=7；

顶点 3 到顶点 5：dist[3][4]+dist[4][5]=10；

顶点 5 到顶点 1：dist[5][4]+dist[4][1]=7；

顶点 5 到顶点 2：dist[5][4]+dist[4][2]=9；

顶点 5 到顶点 3：dist[5][4]+dist[4][3]=10。

将计算出的结果与原始二维数组中的路径对比，发现没有路径更短，无须更新二维数组的路径。

第6步 继续枚举顶点 5 作为过渡顶点 k，我们计算下所有 dist[i][5]+dist[5][j] 的值：

顶点 1 到顶点 2：dist[1][5]+dist[5][2]=8；

顶点 1 到顶点 3：dist[1][5]+dist[5][3]=7；

顶点 1 到顶点 4：dist[1][5]+dist[5]4]=11；

顶点 2 到顶点 1：dist[2][5]+dist[5][1]=8；

顶点 2 到顶点 3：dist[2][5]+dist[5][3]=5；

顶点 2 到顶点 4：dist[2][5]+dist[5][4]=9；

顶点 3 到顶点 1：dist[3][5]+dist[5][1]=7；

顶点 3 到顶点 2：dist[3][5]+dist[5][2]=5；

顶点 3 到顶点 4：dist[3][5]+dist[5][4]=8；

顶点 4 到顶点 1：dist[4][5]+dist[5][1]=11；

顶点 4 到顶点 2：dist[4][5]+dist[5][2]=9；

顶点 4 到顶点 3：dist[4][5]+dist[5][3]=8；

将计算出的结果与原始二维数组中的路径对比，发现没有路径更短，无须更新二维数组的路径。

经过计算，最终我们得到了所有顶点间的最短路径，如下图所示。

	1	2	3	4	5
1	0	2	3	1	5
2	2	0	1	3	3
3	3	1	0	4	2
4	1	3	4	0	6
5	5	3	2	6	0

我们很清晰地看出洞口 1 到洞口 5 之间的最短距离是 5，那么它是经过怎么样的一条路径呢？

其实，我们只要在上面算法中引入一个新变量 pre[i][j] 就是输出这条最短路径。dist[i][j] 表示 i 到 j 的最短路径，定义如下：

如果存在 k，使得 dist[i][k]+dist[k][j]<dist[i][j]，那么 pre[i][j]=pre[k][j]；

也就是说从 i 到 j 的最短路径，更新为 i->k->j，i 到 j 的最短路径前驱和 k 到 j 的最短路径前驱是相同的。

在第 4 步时，我们更新了 dist[1][5]=dist[1][3]+dist[3][5]，那么我们就让 pre[1][5]=pre[3][5]；

在第 3 步时，我们更新了 dist[1][3]=dist[1][2]+dist[2][3]，那么我们就让 pre[1][3]=pre[2][3]；

在初始化时，因为 1-2 存在原始边，所以 pre[1][2]=1。

最终得到如下的 pre[i][j] 二维数组：

	1	2	3	4	5
1	0	1	2	1	3
2	2	0	2	1	3
3	2	3	0	1	3
4	4	1	2	0	3
5	2	3	5	1	0

有了上面的这些信息，我们就可以用递归打印出路径：

从终点 5 出发→ pre[1][5] → pre[1][3] → pre[1][2] → pre[1][1]；

反向打印路径：$1 \to 2 \to 3 \to 5$。

【代码实现】

```cpp
#include<cstdio>
#include<iostream>
using namespace std;
int n,m,x,y,start,end,t;
int dist[1000][1000];  // 记录洞口间的最短距离
int pre[1000][1000];  // 前驱顶点
// 递归打印路径
void print(int y)
{
    // 前驱路径是自身则退出递归
    if (pre[start][y] == 0) return;
    // 递归前驱顶点
    print(pre[start][y]);
    printf("->%d",y);
}
int main()
{
    // 将dist中的所有数据都初始化为最大值
    memset(dist, 0x7f, sizeof(dist));
    // 将pre中的所有数据都初始化为0
    memset(pre, 0, sizeof(pre));

    // 输入洞口数量
    scanf("%d",&n);
    // 输入道路数
    scanf("%d",&m);

    // 输入洞口间的距离
    for ( int i=1; i<=m; i++)
    {
```

```
                // 输入每条边信息
                scanf("%d%d%d",&x,&y,&t);
                // 有向图顶点两边权值一样
                dist[x][y]=t;
                dist[y][x]=t;
                // 初始化前驱顶点
                pre[x][y]=x;
                pre[y][x]=y;
        }

        // 输入起点和终点位置
        scanf("%d%d",&start,&end);

        for (int k=1; k<=n; k++)
                for (int i=1; i<=n; i++)
                        for (int j=1; j<=n; j++)
                                if (( i!=k) && (i!=j) && (j!=k) && (dist[i][k]+dist[k]
[j]< dist[i][j]) )
                                {
                                        // 覆盖最短路径
                                        dist[i][j]=dist[i][k]+dist[k][j];
                                        // 更新前驱顶点
                                        pre[i][j]=pre[k][j];
                                }
        // 输出最短距离
        printf("%d\n", dist[start][end]);
        // 打印最短路径
        printf("%d", start);
        print(end);
        return 0;
}
```

从 dist[i][j] 二维数组中，我们可以看出 Floyd 算法可以求出任意两个顶点之间的最短路径，所以 Floyd 算法是一种"多源最短路径算法"，也是最简单的一种最短路径算法。如果是一张没有边权的图，把相连两点间的距离改为 dist[i][j]=true，不相连的两点间距离改为 dist[i][j]=false，那么 Floyd 算法可以变形为：求图中任意两点是否相连。

从算法中很容易看出 Floyd 算法是时间复杂度为 O(n³)，可以适用于负边权的图，但不允许图中有"负权回路"，例如以下情况：

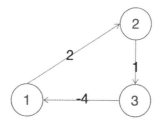

1-2-3 的回路每跑一次，最短路径都会 -1，只要循环跑下去，那么最短路径会无限减小，

也就意味着永远找不到最短路径。这种情况下，我们认为不存在最短路径，所以最短路径算法都不适用。

8.2.2 Dijkstra 算法

Floyed 算法是多源最短路径算法，但如果我们想求某两个点之间的最短路径，那么 Floyed 算法无疑不是一种高效的最短路径算法，因为它求出了所有点的最短路径。

Dijkstra 算法是一种单源最短路径算法，是用来计算从一个点到其他所有点的最短路径的算法。也就是说，只能计算起点只有一个的情况。

Dijkstra 算法是由荷兰计算机科学家狄克斯特拉于 1959 年提出的，因此又叫狄克斯特拉算法。其主要特点是以起始点为中心向外层层扩展，直到扩展到终点为止。

该算法的核心思想是贪心算法，大家还记得 6.4 节介绍的最小生成树中 Prim 算法吗，它们的核心思想是一样的，都是用到了"蓝白点"的思想。

算法思路：

"白点"代表该顶点已经确定最短路径，"蓝点"代表该顶点还未确定最短路径。如果我们要求出一个点的最短路径，就是要把所有蓝点都变成白点。

具体操作：

（1）我们用 map[i][j] 表示地图的边权信息，用 dist[i] 表示起点到 i 顶点的最短路径，初始化将所有顶点变成蓝点，将 dist[i] 设为原始图中的边权值 dist[i]=map[起始点][i]，如果起点到 i 顶点没有原始边，则设置为 ∞。

（2）从蓝点中选取一个 dist[i] 最小的顶点，加入最短路径图中，使其变成白点。

（3）然后更新所有与该白点连接的蓝点到最短路径图中的最低代价。

（4）不断循环（2）和第（3）步，直到所有蓝点都变成白点。

我们将最短路径的 Dijkstra 算法具体步骤模拟一遍，求解上面问题的答案。

1	2	3	4	5
0	2	4	1	∞

第1步 初始 dist[i] 数组，表示 1 到各顶点的最短路径。

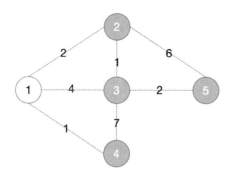

第 2 步　从 dist[i] 数组中选择最小的且还是蓝点的顶点 4、加入最短路径图中，使其变成"白点"。

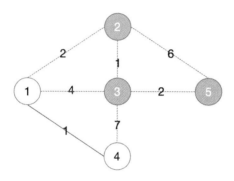

第 3 步　遍历所有顶点 j，如果存在 dist[4]+map[4][j]<dist[j]，则更新 dist[j]；目前 4 顶点没有使其他蓝点路径更短，所以这轮不更新 dist[j]。

1	2	3	4	5
0	2	4	1	∞

第 4 步　从 dist[i] 数组中选择最小的且还是蓝点的顶点 2，加入最短路径图中，使其变成"白点"。

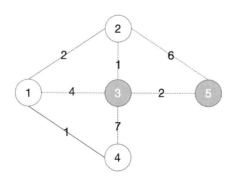

第5步 遍历所有顶点 j，如果存在 dist[2]+map[2][j]<dist[j]，则更新 dist[j]。

到顶点 3：dist[2]+map[2][3]=2+1=3

到顶点 5：dist[2]+map[2][5]=2+6=8

更新 dist[j]：

1	2	3	4	5
0	2	3	1	8

第6步 从 dist[i] 数组中选择最小的且还是蓝点的顶点 3，加入最短路径图中，使其变成"白点"。

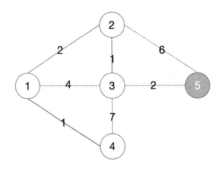

第7步 遍历所有顶点 j，如果存在 dist[3]+map[3][j]<dist[j]，则更新 dist[j]。

到顶点 5：dist[3]+map[3][5]=3+2=5

更新 dist[j]：

1	2	3	4	5
0	2	3	1	5

第8步 从 dist[i] 数组中选择最小的且还是蓝点的顶点 5，加入最短路径图中，使其变成"白点"。

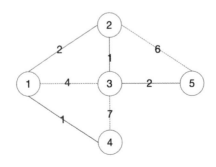

第9步 遍历所有顶点 j，如果存在 dist[4]+map[4][j]<dist[j]，则更新 dist[j]。目前 4 顶点没有使其他蓝点路径更短，所以这轮不更新 dist[j]。

1	2	3	4	5
0	2	3	1	5

第10步 至此，图中所有蓝点都转换成白点，我们也就求出了顶点 1 到其他顶点的最短路径 dist[j]，顶点 1 到顶点 5 之间的最短距离为：dist[5]=5。

Dijkstra 算法是单源的最短路径算法，所以在求最短路径时，只需要一个一维的 pre[i] 数组，表示 i 顶点的前驱顶点，即可用来输出路径。

例如在上面的例题中：

顶点 5 是被顶点 3 更新的，所以 pre[5]=3；

顶点 3 是被顶点 2 更新的，所以 pre[3]=2；

顶点 2 是被顶点 1 更新的，所以 pre[2]=1；

顶点 1 是起点位置，无前驱顶点，所以 pre[1]=0。

我们依然用递归算法，从终点 5 开始递归打印出路径：1 → 2 → 3 → 4。

【算法实现】

```cpp
#include<cstdio>
#include<iostream>
using namespace std;
int n,m,x,y,t;
bool flag[1000];   // 标记顶点是否已经加入
int dist[1000];   // 记录到该顶点的最短距离
int map[1000][1000];   // 地图信息
int cur;   // cur 表示当前这轮确定的顶点
int mi;   // mi 表示当前这轮确定顶点的最低成本
int pre[1000];   // 前驱顶点
// 递归打印路径
void print(int y)
{
    // 前驱路径是 0 则退出递归
    if (pre[y] == 0) return;
    // 递归前驱顶点
    print(pre[y]);
    printf("->%d",y);
}
int main()
{
    // 将 false 中的所有数据都初始化为 false
    memset(flag, false, sizeof(flag));
    // 将 map 中的所有数据都初始化为最大值
```

```
memset(map, 0x7f, sizeof(map));
// 将pre中的所有数据都初始化为0
memset(pre, 0, sizeof(pre));

// 输入顶点数量
scanf("%d",&n);
// 输入道路数
scanf("%d",&m);

// 输入顶点间的距离
for ( int i=1; i<=m; i++)
{
        scanf("%d%d%d",&x,&y,&t);
        map[x][y]=t;
        map[y][x]=t;
}
// 输入起点和终点
scanf("%d%d",&x,&y);

// 初始化
for (int i=1; i<=n; i++)
{
    dist[i]=map[x][i];
    pre[i]=x;
}

flag[x]=true;
dist[x]=0;
pre[x]=0;
for (int i=2;i<=n;i++)
{
    mi=0x7f;
    cur=0;
    // 寻找这轮要加入的顶点
    for (int j=1;j<=n;j++)
        // 如果顶点还未加入且成本最低
        if ( !flag[j] && mi>dist[j])
        {
            mi=dist[j];
            cur=j;
        }

    if (cur==0) break;
    // 标记顶点信息
    flag[cur]=true;

    // 更新关联顶点的最低成本
    for (int j=1;j<=n;j++)
        if ( dist[cur]+map[cur][j] < dist[j])
        {
            dist[j]=dist[cur]+map[cur][j];
            pre[j]=cur;
        }

}

printf("%d\n", dist[y]);
printf("%d", x);
print(y);
```

```
        return 0;
}
```

Dijkstra 算法可以求出固定起点位置到任意顶点间的最短路径，所以 Dijkstra 算法是一种"单源最短路径算法"，是"单源最短路径算法"中最简单的一种算法。

Dijkstra 算法是时间复杂度为 $O(n^2)$，且无法处理负边权的图，例如以下情况：

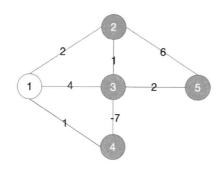

顶点 3 到顶点 4 的边权值为 -7，如果起点位置为 1 的话，1 到 4 的最短距离为 -3（路径：$1 \rightarrow 3 \rightarrow 4$）；但用 Dijkstra 算法求解的话，在第一次寻找蓝点时，就找到了顶点 4，同时更新最短路径 dist[4]=1，并将 4 标记为白点。但我们知道 dist[4]=1 并不是最短路径，等到顶点 3 加入白点时，由于顶点 4 已经是白点了，最短路径值就不会被更新。所以 Dijkstra 算法在边权存在负数时会找到错误答案。

8.2.3　Bellman-Ford 算法

Bellman-Ford 算法和 Dijkstra 算法一样也是一种单源最短路径算法，是用来计算从一个点到其他所有点的最短路径的算法，不同于 Dijkstra 算法的是，它能够处理存在负边权的情况。当然负权回路情况它也无法处理（我们说过，负权回路情况不存在最短路径）。

Bellman-Ford 算法是由理查德·贝尔曼（Richard Bellman）和莱斯特·福特（Lester Ford）创立的。有时候这种算法也被称为 Moore-Bellman-Ford 算法，因为 Edward F. Moore 也为这个算法的发展做出过贡献。

它的原理是对图进行 N 次松弛操作，得到所有可能的最短路径。

算法思路如下。

（1）初始化：将除起点 s 外所有顶点的距离数组置无穷大 dist[i] = ∞ , dist[s] = 0。

（2）每次都遍历图中的每条边，对边的两个顶点分别进行一次松弛操作。

（3）直到没有点被松弛则退出循环（或者无脑循环 N 次）。

Bellman-Ford 算法思路很简单，要理解上面三句话，首先要搞懂三个问题：

（1）什么是松弛操作？

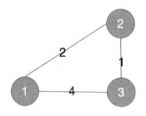

假设，我们以顶点 1 为起点，选取边 <2,3> 来进行松弛操作，那么进行两次如下操作（v 为边权）：

dist[2] = min(dist[2], dist[3]+v) // 对点 3

dist[3] = min(dist[3], dist[2]+v) // 对点 4

经过这轮松弛，dist[3] 更新为 dist[2]+1=2+1=3，松弛成功。这样做的目的是让距离数组 dist 尽量小，而每一次让 dist[i] 减小的松弛操作，我们都称其为"松弛成功"。

（2）遍历每条边的意义是什么？

从上面问题我们可以总结出：每一次成功的松弛操作，都意味着我们发现了一条新的最短路。那么也就意味着，被"松弛成功"的这个顶点，还会影响它关联边顶点的最短路径，所以我们每次都遍历图中的所有边，对每条边的两个端点都进行松弛操作，看看有没有新的顶点因为"上一次松弛成功的顶点"而产生新的最短路径。

（3）为什么没有点被松弛就可以退出循环？

从上面的问题中我们又可以总结出："只有上一次迭代中松弛成功的顶点才有可能参与下一次迭代的松弛操作"，也就是当没有顶点发生松弛时，所有顶点的最短路径都已经被求出了。我们也可以选择无脑 N 次循环，因为每一轮的所有边迭代，一定会有一个顶点的最短路径被确认下来，最多需要 N 次就能确认 N 个顶点的最短路径。

我们来模拟一次，看看 Bellman-Ford 算法的具体操作：

{第1步}　初始化数据（dist[1]=0，dist[i]= ∞），我们继续用"白蓝点"思想，一开始只有起点 1 是白点，每次迭代所有边，使得蓝点发生松弛（白点也有可能再次松弛）。

1	2	3	4	5
0	∞	∞	∞	∞

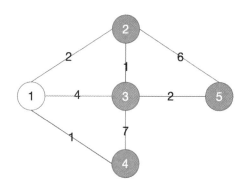

{第2步}　第一轮迭代完所有边，顶点 2、3、4 发生松弛，具体松弛如下（v<1,2> 表示连接 1、2 顶点的这条边，实际代码中我们按序号取边权值即可）：

dist[2]=dist[1]+v<1,2>=0+2=2

dist[3]=dist[1]+v<1,3>=0+4=4

dist[4]=dist[1]+v<1,4>=0+1=1

1	2	3	4	5
0	2	4	1	∞

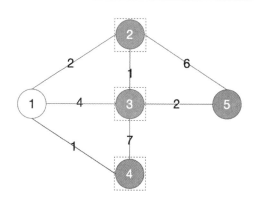

{第3步}　第二轮迭代完所有边，顶点 3、5 发生松弛，具体松弛如下：

dist[3]=dist[2]+v<2,3>=2+1=3

dist[5]=dist[2]+v<2,5>=2+6=8

这里我们可以重点看一下边 v<2,3>，虽然顶点 3 在上一次发生过松弛，但在这轮迭代中，它又因为上一轮顶点 2 松弛过，顶点 3 又有了更短的路径，所以再度发生松弛。

1	2	3	4	5
0	2	3	1	8

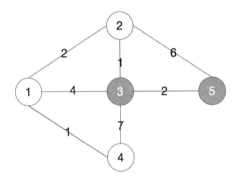

【第 4 步】第三轮迭代完所有边，顶点 5 发生松弛，具体松弛如下：

dist[5]=dist[3]+v<3,5>=3+2=5

顶点 5 因为上一轮顶点 3 发生松弛，引发顶点 5 再度松弛，得出更短路径。

1	2	3	4	5
0	2	3	1	5

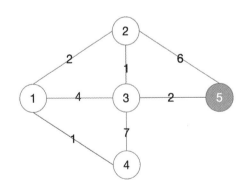

第5步 第四轮迭代，没有顶点发生松弛，循环结束（也可继续空循环，直到 N 次）。

1	2	3	4	5
0	2	3	1	5

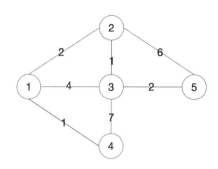

Bellman-Ford 算法也是单源的最短路径算法，所以在求最短路径时和 Dijkstra 算法一样，只需要一个一维的 pre[i] 数组，表示 i 顶点的前驱顶点，即可用来输出路径。

例如在上面的例题中：

顶点 5 因为顶点 3 而松弛，所以 pre[5]=3；

顶点 3 因为顶点 2 而松弛，所以 pre[3]=2；

顶点 2 因为顶点 1 而松弛，所以 pre[2]=1；

顶点 1 是起点位置，无前驱顶点，所以 pre[1]=0。

我们依然用递归算法，从终点 5 开始递归打印出路径：$1 \rightarrow 2 \rightarrow 3 \rightarrow 4$。

【算法实现】

```
#include<cstdio>
#include<iostream>
using namespace std;
int n,m,x,y,t;
int dist[1000];  // 记录到该顶点的最短距离
int edge[1000][3];  // 边信息
int v[1000];  // 边的权值
int pre[1000];  // 前驱顶点
void print(int y)
{
    if (pre[y] == 0) return;
    print(pre[y]);
    printf("->%d",y);
```

```
    }
int main()
{
    // 将 dist 中的所有数据都初始化为最大值
    memset(dist, 0x7f, sizeof(dist));
    // 将 edge 中的所有数据都初始化为最大值
    memset(edge, 0x7f, sizeof(edge));
    // 将 pre 中的所有数据都初始化为 0
    memset(pre, 0, sizeof(pre));

    // 输入顶点数量
    scanf("%d",&n);
    // 输入边数
    scanf("%d",&m);

    // 输入顶点间的距离
    for ( int i=1; i<=m; i++)
    {
        scanf("%d%d%d",&edge[i][1],&edge[i][2],&v[i]);
    }

    scanf("%d%d",&x,&y);

    // 初始化
    dist[x]=0;
    pre[x]=0;

    for (int i=1;i<=n;i++)
      for (int j=1;j<=m;j++)
      {
        if ( dist[edge[j][1]]+v[j] < dist[edge[j][2]] )
        {
            dist[edge[j][2]]=dist[edge[j][1]]+v[j];
            pre[edge[j][2]]=edge[j][1];
        }
        if ( dist[edge[j][2]]+v[j] < dist[edge[j][1]] )
        {
            dist[edge[j][1]]=dist[edge[j][2]]+v[j];
            pre[edge[j][1]]=edge[j][2];
        }
      }

    printf("%d\n", dist[y]);
    printf("%d", x);
    print(y);
    return 0;
}
```

Bellman-Ford 算法是时间复杂度为 O(N*E)，N 为顶点数，E 为边数。相较于 Dijkstra 算法，它的时间复杂度要更高些，因为边数往往会比顶点数要多。

我们回想一下在本节开始时说过的一句话"只有上一次迭代中松弛成功的顶点才有可能参与下一次迭代的松弛操作"，那我们每次为什么要迭代所有边呢？我们只需要考虑那些被成功松弛的点的邻点不就好了吗？答案是肯定的，Bellman-Ford 算法很"菜"，每轮循环都掺杂了无效的边，其实我们只需要引入一个队列，维护这些松弛过的点，那么每次迭代这些点的关联边就可以了。优化之后，Bellman-Ford 算法时间复杂度会有质的飞跃，而这个改进之后的算法就是 SPFA 算法。

8.2.4 SPFA 算法

SPFA 算法的全称是：Shortest Path Faster Algorithm，是西南交通大学段凡丁于 1994 年发表的论文中的名字。不过，段凡丁的证明是错误的，且在 Bellman-Ford 算法提出后不久（1957 年）已有队列优化内容，所以国际上不承认 SPFA 算法是段凡丁提出的，但我们现在依然还沿用他的名字。

SPFA 算法是 Bellman-Ford 算法的一种队列实现，减少了不必要的冗余计算（大家一定要理解这点，如果想让代码时间复杂度低，那就要保证它的每一步计算都是有必要的，所有的冗余计算都是可以优化的点）。

算法思路如下。

（1）初始化：将除起点 s 外所有顶点的距离数组设置为无穷大 dist[i] = ∞，dist[s] = 0，将起点 s 加入队列。

（2）每次从队列中取出一个元素，并对它相邻的顶点进行一次松弛操作，如果松弛成功，则将这个顶点加入队列中。

（3）直到队列为空为止。

算法思路很简单，就是 Bellman-Ford 算法加队列，利用每个点不会松弛太多次的特点。我们直接来看看具体的模拟操作：

第 1 步 初始化数据（dist[1]=0，dist[i]= ∞），顶点 1 加入队列，将顶点 1 的标识设置为 true，表示在队列中。

1	2	3	4	5
0	∞	∞	∞	∞

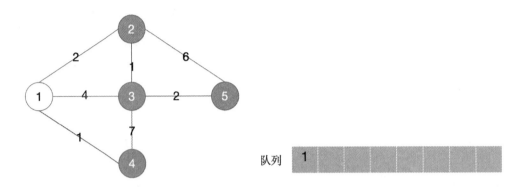

队列 | 1 | | | | | | | |

第2步 取出队首的顶点 1，刷新顶点 1 的标识为 false（表示已经出队，下次可以再加入队列）；循环与顶点 1 的三条边 v<1,2>、v<1,3>、v<1,4>，如果相邻顶点存在更短路径，则进行松弛操作。

$$dist[2]=dist[1]+v<1,2>=0+2=2$$

$$dist[3]=dist[1]+v<1,3>=0+4=4$$

$$dist[4]=dist[1]+v<1,4>=0+1=1$$

顶点 1 相邻的顶点 2、3、4 都松弛成功，则都加入队列。

1	2	3	4	5
0	2	4	1	∞

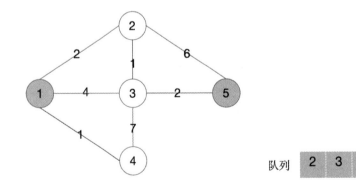

队列 | 2 | 3 | 4 | | | | | |

第3步 取出队首的顶点 2，刷新顶点 2 的标识为 false（表示已经出队，下次可以再加入队列）；循环与顶点 2 的三条边 v<1,2>、v<2,3>、v<2,5>，如果相邻顶点存在更短路径，则进行松弛操作。

dist[3]=dist[2]+v<2,3>=2+1=3

dist[5]=dist[2]+v<2,5>=2+6=8

顶点 2 相邻的顶点 3、5 松弛成功,由于顶点 3 已经在队列中,所以这轮只要将顶点 5 加入队列。

1	2	3	4	5
0	2	3	1	8

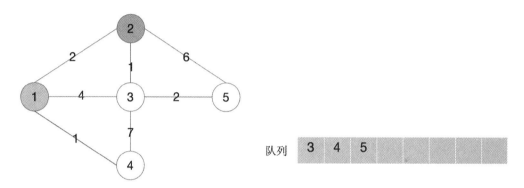

队列 3 4 5

第 4 步 取出队首的顶点 3,刷新顶点 3 的标识为 false(表示已经出队,下次可以再加入队列);循环与顶点 3 的四条边 v<1,3>、v<2,3>、v<3,4>、v<3,5>,如果相邻顶点存在更短路径,则进行松弛操作。

dist[5]=dist[3]+v<3,5>=3+2=5

顶点 3 相邻的顶点 5 松弛成功,由于顶点 5 已经在队列中,所以不再加入队列。

1	2	3	4	5
0	2	3	1	5

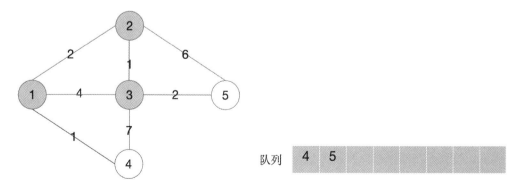

队列 4 5

第5步 取出队首的顶点 4，刷新顶点 4 的标识为 false（表示已经出队，下次可以再加入队列）；循环与顶点 4 的两条边 v<1,4>、v<3,4>，没有顶点发生松弛。

1	2	3	4	5
0	2	3	1	5

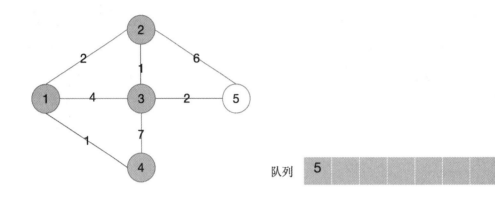

第6步 取出队首的顶点 5，刷新顶点 5 的标识为 false（表示已经出队，下次可以再加入队列）；循环与顶点 5 的两条边 v<2,5>、v<3,5>，没有顶点发生松弛。

1	2	3	4	5
0	2	3	1	5

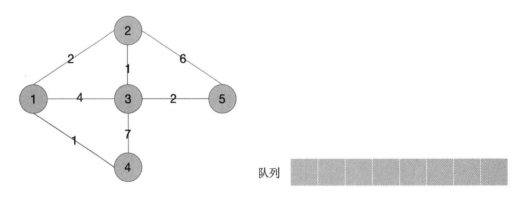

第7步 此时队列已空，退出循环。

　　SPFA 算法的路径打印和 Bellman-Ford 算法一样，这里我们就不再重复描述。在上面模拟的过程中，我们可以发现，SPFA 在形式上有点类似于广度优先搜索，不同于广度优先搜索的是：广度优先搜索中一个顶点出了队列，则不可能重新加入队列，而 SPFA 中一个顶点可以出了队列后又重新加入。也就是说，一个顶点在计算出一次最短路径后，后续可能又获得了更短的路径，于是需要重新加入队列，再次修改与其相邻的顶点。

【算法实现】

```
#include<cstdio>
#include<iostream>
#include<queue>
using namespace std;
int n,m,x,y,t;
int dist[1000];   // 记录到该顶点的最短距离
int map[1000][1000];   // 地图信息
int node[1000][1000];   // node[i][j] 表示 i 顶点的第 j 的边所连接的顶点
int num[1000];   // num[i] 表示 i 顶点的边数
int pre[1000];   // 前驱顶点
queue<int> q;   // 队列
bool flag[1000];   // 标记顶点是否已经加入

void print(int y)
{
    if (pre[y] == 0) return;
    print(pre[y]);
    printf("->%d",y);
}
int main()
{
    // 将 dist 中的所有数据都初始化为最大值
    memset(dist, 0x7f, sizeof(dist));
    // 将 map 中的所有数据都初始化为最大值
    memset(map, 0x7f/3, sizeof(map));
    // 将 num 中的所有数据都初始化为 0
    memset(num, 0, sizeof(num));
    // 将 pre 中的所有数据都初始化为 0
    memset(pre, 0, sizeof(pre));
    // 将 flag 中的所有数据都初始化为 false
    memset(flag, false, sizeof(flag));

    // 输入顶点数量
    scanf("%d",&n);
    // 输入边数
    scanf("%d",&m);

    // 输入顶点间的距离
    for ( int i=1; i<=m; i++)
    {
        scanf("%d%d%d",&x,&y,&t);
        map[x][y]=t;
        map[y][x]=t;
        node[x][++num[x]]=y;
        node[y][++num[y]]=x;
    }

    scanf("%d%d",&x,&y);
    // 初始化
    dist[x]=0;
    flag[x]=true;
    q.push(x);   // x 顶点入队
    pre[x]=0;
```

```
    do{
        int temp =q.front();   // 取出队首结点
        q.pop();
        flag[temp]=false;  // 出队后，重新刷新标识，表示可以再入队
        for ( int i=1 ;i <= num[temp]; i++){
            if (dist[node[temp][i]] > dist[temp] + map[temp][node[temp][i]]){
                dist[node[temp][i]] = dist[temp] + map[temp][node[temp][i]];
                pre[node[temp][i]]=temp;   // 记录路径

                if (!flag[node[temp][i]]){   // 如果队列中不存在，则加入队列
                    q.push(node[temp][i]);
                    flag[node[temp][i]]=true;
                }
            }
        }

    }while (q.size() > 0);

    printf("%d\n", dist[y]);
    printf("%d", x);
    print(y);
    return 0;
}
```

SPFA 算法的时间复杂度是 O(K*E)，E 表示边数，K 是个不确定的常数。最坏情况下 SPFA 算法时间复杂度和朴素 Bellman-Ford 算法相同，为 O(N*E)。

SPFA 算法有两个优化算法 SLF（Small Label First 策略）和 LLL（Large Label Last 策略），在实际的应用中，SPFA 的算法时间效率不是很稳定，我们也就不再详细介绍 SLF 和 LLL 的代码实现。为了避免最坏情况的出现，通常在求最短路径时，我们会使用效率更加稳定的 Dijkstra 算法。

学完了 Floyd 算法、Dijkstra 算法、Bellman-Ford 算法、SPFA 算法四种最短路径算法，我们来对比一下这四种算法的差异（N 为顶点数，E 为边数）：

	Floyd	Dijkstra	Bellman-Ford	SPFA
时间复杂度	$O(N^3)$	$O(N^2)$	$O(N*E)$	$O(K*E)$
是否稳定	稳定	稳定	稳定	不稳定，最坏情况: $O(N*E)$
空间复杂度	$O(N^2)$	$O(E)$	$O(E)$	$O(E)$
负权边	可以处理	不能处理	可以处理	可以处理
判断负权回路	不能判断	不能判断	可以判断	可以判断
单源 / 多源	多源	单源	单源	单源

Floyd 算法虽然在时间复杂度和空间复杂度上都不够优秀，但在求多源最短路径时，还算得上是一个优秀的算法，另外其编码复杂度最为简单，对于数据范围较小情况，Floyd 算法是个很好的选择。

Dijkstra 算法从综合上考虑，是四种算法中最优秀的算法，但其弊端也很明显——不能处理负权边情况。

当有负权边或者负权回路存在时，就得选择 Bellman-Ford 算法和 SPFA 算法，Bellman-Ford 算法较为无脑，但编码复杂度比 SPFA 算法简单；SPFA 算法虽然不稳定，但在优化后，效率明显得到提升。

四种算法都是图论中经典的最短路径算法。

没有最优秀的算法，只有与实际需求最匹配的算法。